時間管理的30道難題

為什麼列出待辦清單更拖延？
幫你克服拖延、養成習慣、達成目標！

電腦玩物站長 Esor

自序：最實際的時間管理執行方法

作者：電腦玩物站長 Esor

　　有一次講完時間管理課程後，下樓的電梯裡，一位學員跟我說：「很少看到有講師在分享方法論時，真的都是使用自己親身實踐的案例，而不是那種找來的故事、模擬的故事。因為這就是 Esor 你自己已經實踐了很多年的方法，所以起碼我們先照著做，也會比起直接套用理論要快得多。」

　　還有一次，學員下課之間在聊天，我聽到他們談到：「Esor 的時間管理方法，其實有很多專案管理的理論，GTD 的概念，可是他的教學裡完全沒有那些專有名詞，用很生動的案例，就把看起來複雜的理論，變成好像可以實踐的簡單步驟了。」

　　我的時間管理課程，往往最後會設計一個小時的「問題與解答」，學員在一整天的演練後，最後我請他們直接跟我「挑戰」，把對這一套方法論的任何疑惑，或是覺得不可行的猶豫，還是覺得自己時間管理上遇到的問題，直接提出來，我現場進行討論與解答。

　　這時候，那些最經典的時間管理問題往往都會出現：「但是我就是很多雜事怎麼辦？」「工作上很容易被打斷怎麼辦？」「事情不照著我的計畫，計畫還有用嗎？」「壓力很大、很累的時候還能推進目標嗎？」在一次一次的被挑戰後，現在每次上課收到的課後回饋裡，最被讚賞的一個段落，就是最後這個「時間管理問題與解答」的段落，往往都能打中學員的痛點，並提供一個具體可行的建議。

　　這本書，是我第一次寫「時間管理」的書，之前的書或許會聊到時間管理，但都是跟筆記方法搭配，或是跟 Evernote、Google 工具搭配，但這一次，我們真的只討論「時間管理」，並且不只要把時間管理的系統從頭到尾拆解一遍，還要針對那些具體的時間管理問題，一一提出可行方法的解答。

　　我期待這本書，可以帶我們一起反思時間管理的盲點，去除那些理論化的干擾，破除那些理想化的限制，從問題出發，一步一步改變，讓我們可以運用時間管理，真正去實現人生中有價值的目標。

目錄　Content

● 第四章，時間掌控權

● 第五章，效率改進法

● 第六章，時間管理與人的反省

第一章

時間管理我知道，為什麼做不到？

1-1
一張為您設計的時間管理系統流程圖

歡迎您，準備開始進入這趟時間管理旅程。

為什麼你想翻開這本書，想要學習時間管理方法？我相信，一定是因為在工作、生活，或是自我價值實現的過程中，遭遇了一些問題，卻遲遲無法解決，覺得時間總是飛快的流逝，然後自己似乎停滯不前。

而且，或許你並非是一個不認真的人，你已經嘗試過許多時間管理方法，可能還買了很多本提升效率的書籍，每個方法看起來都是那麼美好誘人，但落實在自己身上時，為什麼總是失敗告終，甚至還讓自己更加挫折，更充滿壓力？

這本書，正是為這樣的您而撰寫。在後面這張流程圖中，我將展現一個時間管理系統的完整架構，並且點出「您的關鍵問題」如何切入到這套系統當中。流程圖中的編號，代表這個方法在本書中的章節號碼，讓你可以按圖索驥，或許您可以跟著我的章節設計從頭閱讀，您也可以找到自己最迫切想解決的問題點，然後找到適合的章節，直接切入。

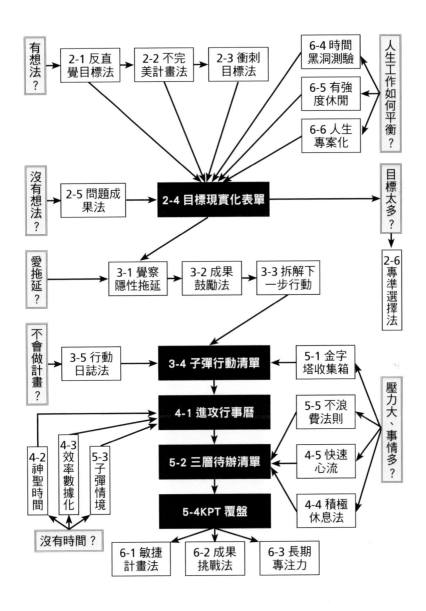

從解決問題開始

為什麼嘗試很多時間管理方法，總是無效？甚至覺得逼自己去實踐時間管理方法，結果壓力更大？很有可能的原因是，我們沒有從自己「真正的問題點」切入。

您感受到的問題，隱藏著對您來說真正有價值的成果。從解決問題出發，更容易立即感受到時間管理帶來的好處。一旦感受到時間管理帶來的好處，我們會更有動力，更有信心，去把完整的時間管理系統架構起來。

解決問題是本，架構系統是他的完成式，兩者都很重要，但不要捨本逐末。

舉例來說，工作上您已經照顧得不錯，但是您同時期盼自己的生活、休閒、家庭也能獲得滿足。您目前遭遇的問題是：「人生工作如何平衡？」。於是參考前面這張流程圖的右上方，指引了三個解決方法，雖然這三個方法被安排在最後一個章節，但建議您就可以先讀。

閱讀完成之後，您會發現要取得平衡，就要讓人生中的玩樂也能目標化管理，於是就如同流程圖所示，這三個解決方法，將會回流到這本書一開始的目標選擇術流程。

在建立系統後完成

　　我們可以從解決問題出發，但我們也必須意識到，時間管理是一套「系統」。這套系統輔助我們去拆解工作、人生中的方方面面問題，為我們帶來效率，但更重要的是為我們帶來生產力。

　　所以，本書雖然推薦大家從問題出發，先去解決問題。但就像養成習慣的過程，我們想要練習跑步，當然先從簡單的慢跑開始，不過好的目標不會只是慢跑，最終如果可以參加馬拉松，那麼這個目標才會真正創造價值。

　　所以雖然這張流程圖，指引了可以半路切入，立刻解決問題的路線。不過，行有餘力之時，我們還是可以從頭開始，把一套完整的時間管理系統架構起來。

　　從這個流程圖可以看到，時間管理的各種問題，其實都可以在這個系統中獲得解答，但也都只是系統的一部分。而建立一套完整的系統，將會讓這個基礎更加穩固。之後當您產生任何想法時，都能從目標、行動、時間、執行、覆盤的過程中，把目標實現得更好。

1-2
為什麼我無法自律？缺乏專注？很愛拖延？

　　我們無法實踐目標的一大原因，是我們陷入了逼自己實踐那些目標的自責。

　　看起來很弔詭，但卻是非常真實的處境。

　　看到一個很棒的目標，擬出一個很棒的計畫，決定開始去做，一旦遇到阻礙，心裡產生挫折，就跟自己說：「這是一個很棒的目標，我必須去做。」然後再次下定決心，要求自己要照著計劃去執行。往往這時候會遇到更多阻礙，心中的壓力更大，忍不住開始偷懶，開始拖延，每次執行時很難專注。最後，我們給自己下了一個結論：「我就是一個無法自律的人，所以那麼好的目標，我卻沒辦法去實現。」

　　但，真的是如此嗎？

- 很棒的目標，是一個可以實現的目標嗎？是一個對我有價值的目標嗎？

- 我必須去做，但我有沒有設計好做的工作流程？我有沒有給自己一些階段性成果鼓勵？

- 遇到阻礙，我有想過如何解決這個問題嗎？或是有想過換一種作法嗎？

在陷入無法自律、缺乏專注、或是愛拖延的自責之前，其實，我們還有很多事情可以改變。

但如果我們只是逼迫自己，不做改變，硬要照著原本的計畫，最後就更容易陷入自責的循環。

所以，這本書的時間管理流程，不是要幫你一次做好完美無瑕、照著推進就好的計劃，拋開這樣的想法吧！這樣的想法會害我們陷入自責與壓力的情境。

不要再用自律、專注、不拖延這樣的壓力，逼迫自己往前邁進。

這本書的時間管理，強調遇到問題就要思考，就要改變，不是逼自己去做，而是幫助自己做到。

時間管理不是犧牲，而是選擇成果

我們對時間管理方法的誤解，往往導致那些負面情緒的產生，而其中最大的誤解，就是時間管理要犧牲很多東西。

我們以為時間管理，就是犧牲玩樂，犧牲休息，要刻苦的去把各式各樣的工作任務處理完成。

也有可能反過來，當我們想要推進家庭、生活的時間管理，就以為是要犧牲工作，要給自己多一點放鬆的時間。

但這兩種方法，無論哪一種，最後都會因為太多的犧牲，而讓以為可以推進的事情，反而看起來更加討人厭。

時間管理不是犧牲，而是選擇為自己創造成果的方法。

我們不會因為犧牲工作，家庭就自然和樂。除非，我們有效選擇能夠為家庭創造的成果。而能夠為家庭創造成果的選擇，真的需要犧牲工作來交換嗎？

我們不會因為犧牲玩樂、工作忙碌，就可以完成有價值的事情。除非，我們為工作設定真的有價值的成果，而且這個成果最好跟我有關，我才能持續堅持下去。既然這個成果會跟我

有關，難道他就需要犧牲我的個人實現來交換嗎？

在這本書裡，我從現實的問題出發，從我自己斜槓的經驗出發，將會深入分析，時間管理系統如何「選擇成果」。

放下那種要自我犧牲的角度，善用一些具體的方法，回頭為工作、生活中的目標，好好重新選擇成果，有可能我們就會發現：

> 時間管理不是苦行僧式的修行，而是可以在實踐
> 中，為自己的人生不斷創造各式各樣的價值，是
> 可以讓自己更滿足、更快樂的手段。

時間管理比起專案管理，更像是產品設計，我們是在設計人生的產品，並且讓這個產品發光發熱。

時間管理不是管理，而是設計行動

我們以為時間管理，就是讓自己嚴格照著計畫去執行，計畫很重要沒錯，但有效的計畫方式不是嚴格管理，而是設計有彈性的變動。

　　當我們面對拖延的問題時，或許不需要壓抑拖延的情緒，反而可以把這樣的情緒當成一種訊息，這個訊息告訴我們，目前的行動暫時不可行、原本的行動需要改變。

　　這時候比起管理自己的拖延，我們最好的做法是去重新設計我們的行動。

不是把今天沒做完的事情移動到明天做，或是逼自己今天做，而是改變今天的行動，設計一個更簡單、更容易做的行動，讓今天可以繼續推進進度。

　　當我們面對沒有時間的問題時，或許不是想辦法擠出時間，而是可以試試看把行動設計成可以在零碎空檔、不同情境中執行，於是我們透過有效的設計，讓原本無法利用的時間，變得可以利用。

　　而當面對一個全新、不熟悉的未知領域時，無論是學習新技能，還是被要求執行一個新專案，不是如何想辦法做出自己也不知道的完美計畫，而是想辦法設計出能夠快速獲得經驗值的階段性成果，然後反覆修正，在不斷迭代中，持續創造成果，持續推進目標。

時間管理，不是心靈雞湯的激勵，而是面對人性、環境中各種可能的阻礙，練習看到問題、轉化問題，然後常常重新設計自己的行動方式。

這本書中，將會從一個一個具體的阻礙與問題出發，邀請大家一起來練習，如何在時間管理的流程中，選擇自己的成果，設計自己的行動。

我們不是要以成為自律、專注、不拖延的人為目標，而是要幫助自己如何選擇有價值的成果，幫助自己設計有效果的行動，然後看起來你就會是一個自律、專注、不拖延的人。

1-3
時間管理的核心：把事情完成到變得很重要

　　「我如何完成所有的事情？」「有好多想做的事情，如何一一安排上待辦清單？」這是時間管理的另外一種極端的期待，和前面自責於無法推進目標，剛好是天秤的兩端。

時間管理的兩個關鍵錯誤

　　讓我來說說自己之前發生過的錯誤案例。有一段時間，我在經營部落格上遇到了一些瓶頸，主要在於家庭中來了新成員（孩子），原本可以用來寫文章的時間變得更少了。這是時間管理的經典困境，很多事情往往一件一件的加諸在自己身上，時間總是愈來愈少，但自己每一件都想要做好。

一開始，我犯了兩個時間管理的關鍵錯誤。

第一個關鍵錯誤，因為時間變少的焦慮，反而讓我想要去找到更多有趣、厲害的文章題目，於是常常在早起的時候，午休的空檔，上網東研究、西研究，想要找一個更好的題目，但最後發現，這樣一來，我真正可以用來寫文章，產出真正內容的時間，反而變得更少了！這也引發了一個惡性循環，我開始會利用一些不該利用的時間，占用到其他的目標計畫。

第二個關鍵錯誤，因為想要保持原本的寫作計畫，維持一天一篇文章的產量，我開始寫一些比較速成的文章，或是有時寫得還不夠深入就發文，導致許多文章沒有真正充分完成，失去了我原本那種深入研究、完整分析的文章品質。最後發現，這樣的文章不僅不會為我創造價值，連我自己都不滿意。

當然，我很快地就發現了這兩個關鍵錯誤，於是開始修正這個部落格寫作目標，我如何修正呢？

首先，面對第一個關鍵錯誤，我已經沒時間了，所以我決定捨棄追新聞、追話題的寫作方式，回歸我自己工作上遇到的效率問題，回歸我自己需要的工具問題，把這些問題變成我的題材，一邊工作解決問題，就可以一邊研究。這就是讓寫作目標，跟我日常的工作、生活目標可以重疊互補。

然後，同樣面對第一個關鍵錯誤，其他零碎時間，不再去找題目，而是針對這些我自己已經解決的問題，好好把研究後的方法寫出來，在零碎時間集中火力進行產出。通勤時就可以想大綱，走路時可以想標題，午休時間可以截圖或打草稿。

面對第二個關鍵錯誤，我不再堅持原本的計畫，進行改變，每篇文章都可以慢慢寫，寫到完整與滿意，才最後發佈。這樣一來，雖然不再能夠一天一篇文章，但也還是可以維持兩三天一篇文章的產量，並且文章的品質又可以回到以前的水準，甚至很多文章變得更加深入完整。

第一個關鍵錯誤的問題在於，沒時間時我們只想到給我更多時間，卻沒想到如何充分讓現有時間發揮更多價值。

第二個關鍵錯誤的問題在於，所謂的價值，不是找到重要的事情，而是充分的完成一件事情，那件事情就會變得有價值，就會變得重要。。

什麼叫做重要的事情？

比起把時間花在找題目，更能發揮價值的，是先把時間用來產出我現在可以產出的成果。而為了讓時間的價值提升，我們要去思考目標之間如何整合，讓同一個時間的一個行動，連結更多目標。而不是在同一個時間去做很多行動，反而分散了攻擊目標的火力。

而找到重要的事情這個想法，其實也是時間管理的一種誤解。我們確實是要完成重要的事情沒錯，但什麼是重要的事情呢？

一件大家覺得重要的事情，但我只完成了 60 分，請問這件事情還算是重要的事情嗎？如果這件事情的成果沒有被充分完成，就算目標設定上看起來很重要，但這還能算是一件重要的事情嗎？

其實，重要的判斷很簡單，一件事情被充分的完成，甚至超乎期待的完成，那件事情就會變成重要的事情。

很多朋友會跟我說：「看你寫部落格很有成就感，我是不是也應該開始寫部落格的目標呢？」這時候我會回答他，你覺

得寫部落格這件事，是重要還是不重要的事情？通常的回答都是：「好像有價值。」這就像很多我們看到別人的成功，覺得運動好像有價值、讀書好像有價值、做什麼好像有價值。

其實，這些都沒有價值，只有被我們自己充分完成時，才有價值。

所以時間管理要思考的，不是如何把更多看似重要的目標排入待辦清單。時間管理要思考的，是如何「把事情完成得很重要」。

當我們能夠改變這個時間管理的基本核心，那麼我們的時間管理就不需要是填滿目標的壓力清單，因為一個被充分完成的目標，他創造的價值就可以涵蓋人生各種層面的需求了。

期待透過這本書，重新翻轉我們的時間管理方法，透過循序漸進的流程，讓我們開始能夠充分利用自己現有的時間，把事情完成得很重要！

第二章

目標選擇術

2-1
我的目標常常不是我的目標？ VS 「反直覺目標法」

時間管理的第一個盲點：誤用直覺當目標

在上過數百場時間管理課程，回答過無數封時間管理問題的郵件，往往會看到許多很相似的問題：

- 目標定下來了，但不會開始做，沒有時間做。

- 有目標，但還是充滿挫折，只是逼自己在做。

這些問題，真正的解決辦法往往不在那些後期的手段上，我的意思是，不在如何擠出更多時間，不在如何讓自己充滿意志力或專注力，不在有什麼神奇技巧可以讓目標輕鬆的實現。

反而如果我們一開始就陷入那些後期手段，以為是自己的手段不夠好，所以時間管理不好，所以目標無法實現，這反而

是在繞遠路，更有可能在人生的地圖上迷路。

時間管理，說穿了很簡單，就是在管理自己，而管理自己不能只是依靠手段，還要依靠對被管理者的深刻認識，也就是對自己的深刻認識。

如果沒有先深刻認識自己，那麼所有的時間管理手段都會變成額外增加的負擔，就好像旅行時一開始就搞錯方向，那麼就算搭上再好的交通工具，也只是離目的地愈來愈遠，反而太好的交通工具讓我們更快拉開與目的地的距離，甚至連路上可能的風景都錯過了。

所謂的深刻認識自己，在時間管理上的意思是，我們應該常常自問：「我的目標，真的是我的目標嗎？」

有時候，其實只需要「問出自己真正的目標」，那麼目標無法開始做？沒時間做？充滿挫折？需要逼自己做？等等問題，就可以迎刃而解。

而要找出真正的目標，不是憑空亂想（最怕憑空亂想，更怕直覺心證），我們可以利用下面一個簡單的提問，就可以逐步確定真正目標的雛形。

我真正想要的是什麼？

如果透過反覆對自己提問，我們將會發現，自己常常搞錯自己的目標。不用氣餒，這很正常，因為人的大腦第一直覺想的東西，往往不是自己真正要的東西。

所以，我們需要破除這樣的「直覺目標」，透過反問自己，來推翻直覺，並建立更接近真實、現實的目標。

這個追問很簡單，心中有一個目標，別忘了不斷反問自己：「那我真正想要的是什麼？」

看似簡單，其實如果你用自己心中的目標來檢驗看看，或許就會發現，我們往往忘了這樣追問自己。

有一次我上課的時候，有位同學下課來問我一個問題：「老師，我最近有一個目標一直做不到，感到很困擾。我目前是位大學生，我平常需要上課、唸書（準備考研究所）、社團、打工，最近幫自己加入了一個新目標：『每天晚上上健身房運動』，但是我在行事曆上排出了每天重複的行程，卻怎麼樣都做不到，讓我愈來愈挫折，覺得自己很懶惰，我應該怎麼擠出時間？怎麼培養意志力？才能養成這個運動習慣呢？」

看完這位同學的問題，你會想要怎麼幫他解決呢？如何克

服懶惰？如何安排時間？如何鍛鍊意志力？都不是，真正的問題其實在於『每天晚上上健身房運動』，是他的真正目標嗎？

於是我進一步追問他：「每天晚上上健身房運動，你真正想要的是什麼？」那位同學想了一想，居然一時之間回答不上來，最後說：「就是可以變成一個每天有運動習慣的人吧！」我又進一步追問：「為什麼想要變成一個每天有運動習慣的人，這是一種行為沒錯，但有沒有想過這個行為背後真正的目的呢？」

同學一時之間語塞，在直覺上，我們都知道運動很好，養成一個運動習慣，或是每天上健身房運動，都是一個「看似沒問題」、「看似有價值」的直覺目標。但這往往正是我們容易搞錯目標的時刻。

而要回答：「我真正想要的是什麼？」其實對很多人來說，反而是一個很困難的問題。沒關係，我們只要透過不斷反問，來找到一個比現在的答案更好的答案，起碼也會是一個好一點的目標選擇了。

於是我開始引導這位同學，透過不斷反問，破除一開始直覺的迷思，去確認自己真正的想要可能是什麼：

● 我要每天上健身房運動。

  ・因為我想要養成運動習慣。

  ・因為我想要自己更健康。

  ・因為我想要明年研究所考試階段有充沛體力。

  ・因為我想要解決目前白天精神不濟的問題。

不斷的追問：「我真正想要的是什麼？」起碼後面一個答案，都會比前面一個答案更好、更具體、更接近所謂真正的目標。

不同想要帶來不同計劃，所以千萬別搞錯想要

上述的追問，有一個很深刻的意義：

那就是避免在一開始因為模糊的目標，而走向了其實是偏離自己真正想要的計畫，甚至在這個不是自己真正想要的計畫中焦慮、挫折、痛苦。

以這位同學的例子來看，一開始的「養成運動習慣」是一個很模糊的直覺，在這個模糊的直覺下，其實可以有很多不同

的「具體想要」。

● 想要參加馬拉松、路跑活動。

● 想要獲得朋友圈注意，因為大家都在IG傳運動照片。

● 想要獲得健美的身材來吸引異性注意。

● 想要放鬆紓壓。

● 想要讓自己白天的體力、精神更好。

　　針對不同的「想要」，搭配原本的「每天上健身房」，就會發現，不是每個想要都應該要上健身房來解決：

● 想要參加馬拉松、路跑活動。

　・可以用「每天上健身房」為目標，但也可以是各種相關且可行的訓練當作目標。

● 想要獲得朋友圈注意，因為大家都在IG傳運動照片。

　・或許可以用和朋友一起進行各種休閒運動，當作更有動力的目標。

● 想要獲得健美的身材來吸引異性注意。

　・應該思考的是吸引異性注意一定要上健身房？這是最有效的目標嗎？

● 想要讓自己白天的體力、精神更好。

  ·很明顯還可以從飲食、散步、早睡早起等其他方案來達成。

事實上，透過的不斷反問，最後往往會發現，自己原本的目標通常都不是真正的目標。是被「誤以為」的目標，

就像上面這個例子，沒有一種「想要」是一定要每天上健身房才能達成。

但是「直覺目標」最大的問題，就是為讓我們陷入「非這樣不可」的錯覺，在裡面陷入掙扎，但往往那根本不是我們真正的目標。

誤以為的目標，導引我們陷入誤以為的掙扎中，解決這種掙扎的方法，當然不是逼自己去做，而是搞清楚自己想要什麼，跳出這個掙扎。

我後來透過追問，和那位同學一起找到了「想要讓自己白天的體力、精神更好」這個更具體的想要，我們從這個想要出發，擬出了這樣的目標與計畫：

● 目標：

　・一個月後，讓自己白天的體力、精神更好

● 計畫

　・每天多睡一個小時。

　・三餐正常飲食。

　・上下學時採用走路、騎單車的方式通勤。

　　你知道這個目標與計劃最棒的一點是什麼嗎？

　　是這位同學「不需要多餘的時間」去做一件「原本完全不會做的事情」。而是稍微改變一下自己的作息，在原本就會做的事情中改變一點點選擇，然後，真正想要的目標就會達成了！

　　這不是很棒嗎？時間管理不一定是逼自己做，也不一定是擠出時間去做！

老闆客戶給你的目標，也常常不是真正的目標

　　這個道理，不只適用在我們自己個人的目標，其實在職場上，那些老闆、客戶給我們的目標，也往往需要「反直覺的追問法」來找出目標背後真正的想要。

你以為郵件裡、口頭上傳遞出來的文字，就是別人真正想要的目標嗎？你也很直覺的把這樣的目標寫上待辦清單，矇著頭就開始去做，然後往往忙了老半天還是被挑三揀四嗎？

如果老闆交代我要幫客戶辦一場產品活動，這看似是一個很具體的目標，但我們還是要反直覺的追問一下，這場產品活動背後真正想要的是什麼？

● 是獲得媒體曝光嗎？

● 是多賣出一些產品嗎？

● 是針對目標客群做一次社群活動嗎？

● 是服務客戶讓客戶很高興並維持長久關係嗎？

如果沒有這樣去追問，看到任務交代是「辦一場產品活動」，於是開始規畫場地、流程、邀請來賓、設計活動，覺得自己花了很多時間與心力做企劃，但怎麼老闆每次都要雞蛋裡挑骨頭呢？

原來，老闆真正想要的是透過活動多賣出一些產品，而我設計了一大堆內容，就是沒有設計到如何現場販售產品的機制！邀請的來賓也不是真正需要買這些產品的核心族群！

如果我們常常覺得自己很認真、很努力，但職場上卻一直被刁難，充滿了挫折，這時候，或許不是我們還要更努力，也不是我們技巧不好的問題。

而是我們同樣必須追問：「老闆、客戶給我們這件任務，背後真正想要的是什麼？」當然，有時候老闆、客戶不會跟我們講，或是他們自己也不清楚。

但是，只要我們能懂得自己一直追問：「真正想要的是什麼？」那麼我們一定可以挖掘出那個比原本表面目標，還要更好、更有效益的目標成果。

反直覺目標法的簡單練習：因為我想要什麼？

所以，下一次如果遇到這樣的時間管理問題：

● 為什麼做好目標計畫，但做不到？

● 為什麼目標做起來拖延、空虛、容易放棄？

● 為什麼目標讓我感覺更有壓力？

我建議的第一個解決辦法，就先問自己：「我真正想要的是什麼？」

　　當然，我們不可能一次就想到答案。或者說，也沒有所謂真正最好的答案。但是只要不斷這樣追問：

● 因為我想要⋯⋯

　‧因為我想要⋯⋯

　　‧因為我想要⋯⋯

　　你也可以把「我」，替換成工作上的老闆、客戶，或是某件專案本身。這時候，我們將可以找到一個更好的答案。

　　而從這個答案開始我們的目標，往往那才是更能夠做到、更有效益的目標。

2-2
列出完美計畫為什麼做不到？ VS 「不完美計畫法」

成功計畫，往往不是一次做好的

不完美計畫，不是說故意選擇次一等的方法，更不是故意把計畫做得有缺陷。

「不完美計畫」的意思是，設定一個現階段做得到、值得先做的計畫就好，然後就應該開始去做，做了再來修正。

我常常收到的另外一種問題是：

● 看Esor的計畫範例，計畫總是做得很詳細，Esor是花多少時間來做計畫呢？

　　當我們看到一個成功的人的成功計畫時，往往看到的只是「最終的結果」。

這時候我們很容易產生一個可怕的誤解：以為做計畫，就是一次做出達到最終好結果的計畫。

　　我們也想要成功，所以我們想要一次做好達到成功的完美計畫。但對於那些真正實現很棒的計畫的人來說，他們最終那個讓別人看起來很成功的計畫，大多數都不是一開始就做好的。

　　例如很多讀者會問我：「Esor 你當初是如何設定好寫部落格的計畫，才能這麼多年堅持下來，並創造很大的瀏覽量與影響力呢？」

　　老實說，我當初根本不是這樣計畫的。

1. 一開始，我只是想要介紹一些好用的軟體，讓身邊的親朋好友也能善用電腦工具。

2. 接著，我發現自己頗會解析生產力工具，於是我更專注研究各種生產力工具。

3. 然後，我慢慢能夠更清楚的解析方法論，於是我開始研究各種時間管理方法。

4. 再來，我漸漸發現自己在特定工具上，有一套獨特的工作系統，於是我開始把這樣的工作流程理論化。

從來不是「如何做出一個完美的部落格寫作堅持計畫」，也不是「如何養成寫部落格習慣」。

每一次的計畫，以後面的結果來看，都是「不完美計畫」，但卻是那個階段，最符合現實、最能解決問題、我最能做到的計畫。

看似完美的計畫，通常問題更大！

「看似完美」的計畫，常常變成一個壓力更大、做不到、更加不想去做的計畫，這不是因為我們的專注力、意志力不夠，其實是有其他原因。

我來舉一個例子，如果我現在有一個目標：「讓親子關係更好（假設小孩是學齡前兒童）」，接下來我如何做計畫呢？從「完美計畫」的角度來看，我們很有可能做出這樣的計畫：

● 目標

‧讓親子關係更好

● 計畫

‧每天晚上回家唸故事書給孩子聽。

・每天都要陪孩子一起散步或玩遊戲。

・週末帶小孩開始露營活動。

是不是很完美？看起來也很合理，那些計畫，確實就是要增進親子關係可以做的具體行動。我們就把他們直接插入待辦清單、行事曆，就開始去做吧！這樣，對嗎？

問題在哪裡呢？問題在於：「晚上回家後是不是真的有時間陪伴孩子？」結果真實的情況是，我原本常常要加班，晚上回家有自己寫部落格的計畫，另外我根本連基本的野餐都沒做過。

於是，這時候就算排出完美計畫，也會變成根本沒時間做，根本做不到，最後就會演變成這樣的質疑：為什麼沒時間做？是不是我專注力與意志力不夠？

但事實可能根本不是這樣，而是我的完美計畫沒有先「解決問題」。不完美計畫，就是在達到完美計畫之前，先做解決問題的計畫。

目標前有什麼阻礙？我要做什麼改變？

如果你總覺得做計畫很花時間，做不出完美計畫，我會建議你可以從下面這個關鍵問題，進一步追問你的目標，找出目標下真正值得現在去推行的計畫。

別忘了，前提是這時候的目標，已經經過前面「反直覺目標法」的追問，追問出一個更接近真正想要的成果的目標了。現在我們就要從這個真正想要的目標來出發，發出下一個問題。

比起完美而理想的計畫，先問要達到這個目標，

目前面臨的阻礙是什麼？我要做出什麼改變？

這個問題的答案，就是「不完美計畫」中，現階段最值得先做、最可以做的計畫。

那麼，如何從不完美計畫的角度，來改寫上述計畫呢？可以這樣做：

● 目標

・讓親子關係更好

● 目前的問題

・晚上回家還要寫部落格文章。

- 根本不知道怎麼露營。

● 現階段計畫

- 調整寫部落格文章的時間，空出晚上時間。

- 先試試看到公園野餐。

● 未來計畫

- 每天晚上回家唸故事書給孩子聽。

- 每天都要陪孩子一起散步或玩遊戲。

- 週末帶小孩開始露營活動。

很多時候，目標計畫真正的問題，在於我應該先做出什麼改變。但我們通常不想改變，只想把計畫硬插入原本的人生當中，然後撞得滿頭苞。

可是，最簡單的計畫達成方法，不是硬碰硬，而是我們自己先做出改變。改變，也不是要我們犧牲，而是總要調整一些和原本不一樣的做法，新的計畫才有可能融入現在的人生當中。

做出改變，不要硬碰硬，也不需要犧牲

例如上述的例子中，我發現問題是「晚上沒時間，因為原本晚上的計畫是寫部落格文章」。但這時候所謂的「改變」，不是說就為了孩子放棄寫部落格文章了，而是如何調整寫部落格文章的時間呢？移動到早起的時候？還是利用通勤、午休零碎空檔？改變寫文章的頻率與主題？

這其實是我真實發生的一段故事，我後來調整的作法就是：

● 練習文章可以分段寫，就能利用分散的空檔寫作。

● 調整主題，寫更多系列文章，集中研究可以節省時間，產出更多深入內容。

● 調整頻率，從每天要求自己一篇，改成每兩三天要求自己產出一篇文章。

並不需要放棄自己原本也很喜歡的計畫，只是需要調整，才能解決問題，納入新的計畫。

不完美計畫法的簡單練習：先解決問題

很多時候，光是持續的解決問題、做出改變，就能讓目標

往前推進，而且可能推進得比完美計畫更好。

回到前面我十幾年來堅持寫部落格文章的這個目標，真實的計畫方法，其實就是「不完美計畫法」，每一個階段都在解決問題，做出改變中，持續往下一個階段推進。

如果下次你遇到不知道怎麼為目標做計畫，那麼，我建議可以試試看「不完美計畫法」：

- 列出目標目前遇到的阻礙？

- 列出我需要做的改變？

- 從中挑一個問題點，做好解決這個問題的計畫。

- 先去解決問題，然後再想下一步計畫。

你可能會發現，原來做計畫沒有那麼難，而這樣的看似不完美計畫，反而可以幫我們真正推進目標，創造出有價值的成果。

2-3

事情為什麼永遠不照計畫？ VS 「衝刺目標法」

計畫有意外，一點都不意外

很多朋友會問這樣的問題：「我覺得做計畫很困難，因為想不出事情到底最後會怎麼演變，所以怎麼計畫都不對，而且每次做出的計畫常常無法照著做，總是有很多意外，讓我很挫折。」

「Esor，你是如何一開始就把計畫做好？是不是要花很多時間？」

前面的「不完美計畫法」，我已經解答了其中一部分的疑惑，本來就沒辦法一開始做出完美計畫。

而且，無論做出什麼計畫，有意外、有變動，才是正常的，沒有意外和變動反而不正常。這個意思不是要我們擺爛，而是

如果我們想要創造出一個更好的成果，難道不就是會在執行過程中不斷修正，讓最終成果比我們預期得更好嗎？這樣怎麼可能沒有意外與變動呢？

那麼，我們如何讓自己可以應付每個計畫執行過程一定有的意外與變動？最好的辦法，就是讓計畫本身就充滿可以變動的彈性。

這樣的計畫，可以稱為「衝刺目標法」，核心是兩個部份的設計：

- 專注在真正可以完成的下一個成果
- 規劃可以達到成果的各種可能方法

專注在下一個成果

有時候我們的夢想很長遠，想要好好陪伴孩子長大，如何做出一個長達十多年的教養計畫呢？

有時候我們的興趣很模糊，想要培養烘焙（做麵包蛋糕）的興趣，但可以做的事情太多了，如何做好一個成為烘焙高手

的計畫呢？

有時候我們的工作專案很難，決定要寫一本書，要如何做出寫完 10 萬字的計畫呢？

如果像上面這樣想，做出了長遠的大計畫，卻往往反而進展緩慢，甚至無法應付變動。

這時候，有效的計畫應該是「專注在下一個成果」，不一定要做出那麼長遠的計畫，尤其當計畫的後半部很多其實只是我們粗略想像的時候，不如先做好下面這樣的計畫就好：

● 幫助孩子學會主動收拾玩具的計畫。

● 做出今年小孩生日造型蛋糕的計畫。

● 寫出第一篇文章的計畫。

然後，全力衝刺，去把這一個階段性的計畫完成。「專注在下一個成果」，會帶來幾個好處：

● 短期內可獲得的具體成果，我們能夠更快完成、不怕變動。

● 看得見、可掌控的成果，我們更有動力，也能明確規劃。

● 追求真的完成什麼東西，我們才能從成果回頭修正目標。

教養小孩的計畫，我們怎麼知道明年孩子會有什麼改變

呢？如果從長遠計畫來看，或許我們會想著先多讀一點教養的書，慢慢規劃著孩子「未來」的很多計畫（但其實大多只是想像），現在工作很忙不如等孩子大一點再開始。但是一個短期具體的「幫助孩子學會主動收拾玩具」，其實就能幫助我們明確的「落實」在教養這個長遠計畫的執行上，避免只是計畫而沒有行動，而且真正創造價值。

想要培養烘焙的興趣，想要成為一個烘焙高手，我怎麼知道自己會不會成功呢？如果從長遠計畫來看，或許我們會收集很多食譜練習，會報名準備去上課，但也很有可能一股衝勁過後就只有三分鐘熱度。但是一個看得見、可掌控的「做出今年小孩生日造型蛋糕」，這是一個有趣、有意義的成果，而且有明確的時限需要完成，我會更有動力去做，並且更知道如何規劃步驟。

想要寫一本書，當然可以每個月完成一萬字，10 個月後完成十萬字這樣去規劃，但通常結果都是 10 個月後沒辦法真正寫出一本書。而一個追求先完成什麼東西的計畫，就是「寫出第一篇文章」，寫出來之後，再去調整格式怎麼修正？確定體例？估算寫作時間？才能逐步做出更有效的計畫。

衝刺目標，先專注在下一個成果，要注意一個非常關鍵的重點，那就是「成果」兩個字。

要能夠好好衝刺目標，不一定是先做簡單的，通常不是先做準備工作，而是先鎖定「某一個成果」，然後全力衝刺去完成。

所謂的「成果」，可以這樣檢驗：

● 養成孩子的整理習慣 VS「幫助孩子學會主動收拾玩具」

● 練習蛋糕食譜 VS「做出今年小孩生日造型蛋糕」

● 設定文章規格體例 VS「寫出第一篇文章」

後者的成果，比起前者的成果，有更具體的產出，而且這個產出能夠創造更明確的價值。

這樣的成果，才會是「專注在下一個成果」中，帶來衝刺效果的計畫。

達到成果有各種可能方法

我們的計畫常常無法應付變動的另外一個原因，是我們只給自己 A 計畫，卻沒有 B、C、D 的備案。

可是，前面不是要我們鎖定在下一個成果嗎？怎麼現在又

要我們有很多備案？

應該這樣說，鎖定目標、鎖定下一個成果，但是 「前往成果的道路」難道只有一條嗎？

有一次在大學進行時間管理的課程，有位同學課堂上提出了問題，她說：「我正在準備英文資格考試，透過一些考古題經驗，我發現自己的聽力最弱，所以我想強化聽力的練習，於是去報名了以聽說能力為主的英文補習班。」

這位同學，其實已經推進了目標選擇的幾個關鍵階段：

- 反直覺目標：從我想提升英文能力，進展到更具體的我想要，為了留學或工作，要獲得英文資格證照。

- 不完美計畫：先找到這個計畫中的關鍵阻礙，就是聽力還不夠好，需要改變自己，強化聽力。

- 專注在下一個成果：就是先把聽力強化。

可是這位同學接著說：「但是，我發現雖然補習班報名了，但每一次我都自己找藉口不去上，太累、明天要考試、今晚有重要聚餐等等，而且上課也不認真。我應該怎麼讓自己可以認真上補習班訓練聽力呢？」

這時候，我提供的建議，不是如何幫助她逼自己去認真上

補習班，而是問了現場的其他同學，大家覺得要訓練聽力，除了上補習班，還可以有哪些可能方法？於是大家紛紛提供了各種回答：

- 可以看線上專門整理英聽練習影片的網站。
- 可以用線上App，找可以隨時一對一約時間練習的外語老師。
- 可以去跟英語外籍交換學生當朋友，練習對話。
- 可以在通勤時聽聽英文新聞，放鬆時也可以練習聽力。
- 等等

我跟這位同學說，當然如果自己可以認真上補習班，或許是效果最好的聽力練習。但是當自己實際的環境、時間、個人原因不允許時，我們是要放棄這個計畫，還是這個計畫可以有其他替代的可能方法呢？

如果我們可以試試看其他可能的方法，那麼是不是就能隨時都衝刺一點點目標進度了？

就算事情沒辦法照著理想計畫，就算計畫了有意外，還是可以採取替代方案，一樣可以推進目標。

衝刺目標法的簡單練習：
專注在下一個成果，有多個行動備案

有時候，時間管理的問題在於，我們把計畫做得太好了！意思是，計畫規劃得太長遠，計畫設計得太理想化，只有最佳步驟，而沒有可替代的選擇。

別忘了，給自己的目標計畫一點彈性，並且讓計畫可以應付變動，兩個簡單的主要步驟就是：

● 專注在真正可以完成的下一個成果

● 規劃可以達到成果的各種可能方法

不要想等到好幾個月後，計畫完成才確認成果，這樣往往更容易半途而廢（因為沒有成果來激勵自己），並且無法在環境有變動時修正目標計畫。對於那些自己沒做過的目標，更是危險，因為大多數的計畫都只是想像。

也不要理想計畫一卡關，就覺得是意外害我無法繼續推進計畫，想想看，為了達到下一個成果，難道沒有一些其他的可行方案嗎？

2-4

年度目標為什麼 VS 「目標現實化表單」
不會開始？

　　前面三個章節，從反直覺目標、不完美計畫、到衝刺目標法，其實是要做好時間管理，必須先做好的目標拆解步驟。

　　所以在這個章節，我要把這三個章節的方法，歸納成一份「目標現實化表單」，讓大家可以照表操課，練習一個更完整的目標規劃流程。

　　你當然不一定要用下面這個表格的格式，只是表格讓大家更好演練而已。核心就是表格中做好編號的五個拆解步驟。

目標現實化表單

1. 腦中想法	3. 可能要解決的問題與改變	5. 達到階段成果的可能方法
2. 要達成的具體願景		
	4. 設定下一個階段成果	

為什麼年度計畫，常常又變成明年計畫？

　　我們往往會在每年的年初，開始來做年度計劃，但往往到了年中，發現年度計畫怎麼都還沒推動，而且到了明年年初，今年的年度計畫，再次複製貼上，變成明年的年度計畫。

　　生活中的計畫，或是工作中的計畫，設定好了做不到，或是做得很痛苦，有兩個主要原因：

● 目標拆解得不夠：

　・目標還停留在模糊的想法，沒有找到現實可以落實的具體
　　作法。

● 目標拆解得太過：

　・目標拆解得太過詳細，但其實很多是理想化的想像，而沒
　　有考量到現實必須解決的問題，和可先創造的成果。

**目標拆解得不夠，沒有具體步驟，根本無法開始
做。目標拆解得太過，壓力更大反而更不想去
做。**

　　這份「目標現實化表單」，意思就是要讓我們的目標，變
成具體可行，可以在現實的生活、工作環境中推進的目標計畫。

　　在我多年來不斷演練與實踐後，精簡成這個表單，避免我
們目標拆解得不夠，但也不是要我們每一個目標都規劃出詳盡
甘特圖或流程圖。

　　關鍵是，如果能夠拆解到「達到階段成果的可能方法」，
那麼這個目標開始實現，並且實現得有價值的機會，將會大大
提升。

1. 收集腦中閃閃發光的想法

讓我來解說填寫這份「目標現實化表單」的步驟。

第一步,就是「收集腦中想法」,找出某個值得成為目標的想法。把想法寫入表單的「1.腦中想法」。但是有幾個限制:

● 這個想法,讓我感覺會很快樂。

● 這個想法,讓我感覺會很擔心。

● 這個想法已經在我心中一段時間。

在 2-1 中,我才說到不要用直覺當目標,這裡不是要打臉自己。

而是「直覺」是一個好的出發點,我們只要懂得辨識自己的情緒線索,然後懂得拆解他,找出直覺背後的真相即可。

所以先從「直覺」來找目標,從前面的條件設定開始,挖掘自己腦中真實的想法,把符合上述條件的想法,寫入目標現實化表單的「1.腦中想法」欄位。

例如:

● 我想養成運動習慣，想了很久，感覺會讓我很快樂。

● 公司交代我寫一本Evernote的書，這是讓我一直擔心的事。

可以這樣填寫：

目標現實化表單

1. 腦中想法	3. 可能要解決的問題與改變	5. 達到階段成果的可能方法
寫一本 Evernote 的新書		
2. 要達成的具體願景		
	4. 設定下一個階段成果	

2. 設計要達成的具體願景

　　腦中的想法是線索，但很多時候，腦中的目標並不精準，甚至可能跟我想要的相反。

　　所以接下來，我們必須不斷問自己「真正想要的是什麼」，把這個想法背後，要達成的具體願景設定出來。

　　如果不知道如何描述「具體願景」，可以用下面的問題來練習：

- 目標達成後，對誰有價值？
- 如何描述出這個具體可見的價值？

　　例如：

- 腦中想法：想養成運動習慣。
- 具體願景：我會變成一個健康的人。
- 更具體的願景：我會每天更有精神並且白天不容易疲倦。
- 再具體的願景：明年我的身體健康檢查沒有三高。

　　沒有最好的答案，但有更好一點的答案。追問個幾次，這個目標真正的具體願景就會慢慢浮現出來。那個更好一點點的答案，才是我們要規劃的真正目標。

　　例如前面那個養成運動習慣的想法，真正的目標（具體願景）是「明年身體健康檢查沒有三高」，而不是養成運動習慣。

　　而那個煩惱我的公司專案：「寫一本 Evernote 新書」，則

可以拆解出這樣的具體願景：

● 對老闆來說，可以達成營收目標。

● 對我來說，想要總結自己的時間管理工具系統。

● 對讀者來說，可以解決工作流程上的效率瓶頸。

　　於是，可以把上述三點總結的具體願景，寫入目標現實化表單中。

目標現實化表單

1. 腦中想法	3. 可能要解決的問題與改變	5. 達到階段成果的可能方法
寫 一 本 Evernote 的新書		
2. 要達成的具體願景		
歸納出一套 Evernote 時間管理方法論，讓讀者也能套用，並且讓管理工作人生更輕鬆	**4. 設定下一個階段成果**	

　　寫一本 Evernote 新書，可以是一本筆記方法的圖解教學書，可以是收集很多專家用法的書，更可以是我之前書籍的改版。

　　但是，透過設定具體願景的過程，找到真正的目標。最後我在 2019 年撰寫完成的《大腦減壓的子彈筆記術：用 Evernote 打造快狠準任務整理系統》，不是一本筆記方法書，不是我之前書籍的改版，也不是軟體圖解操作教學，而是一本很特殊的專案任務整理的工具方法論書籍。

　　那本書也獲得讀者非常正面的迴響，擠身暢銷書行列，並且讓我持續開設了許多實體課、線上課。當時設定的具體願景都能滿足。

　　而真正的關鍵是，如果當初我只是把想法當作目標，就算完成，最後可能產出的只是一個平庸的作品。而不是在設定具體願景後，產出的具有特色和價值的作品了！

3. 列出可能要解決的問題與改變

　　接著，試試看利用「不完美計畫」時提到的方法，不要有了具體願景，以為找到目標，就開始一股腦地把整個計畫完美

的規劃出來。

不如我們先從前面設定好的具體願景出發，如果目標已經很具體了，那麼在現實中：

● 我們將會面臨什麼阻礙？

● 需要做什麼改變呢？

● 把想到的問題都先寫出來。

延續前面我製作一本書籍計畫的例子，在目標現實化表單中，我當時想到的阻礙與問題如下。

目標現實化表單

1. 腦中想法	3. 可能要解決的問題與改變	5. 達到階段成果的可能方法
寫一本 Evernote 的新書	(1) 如何找出時間寫稿？	
	(2) 大家對我的方法有興趣嗎？	
2. 要達成的具體願景	(3) 我可以把工作流程理論化嗎？	
歸納出一套 Evernote 時間管理方法論，讓讀者也能套用，並且讓管理工作人生更輕鬆	(4) 要怎麼教才會好吸收？	
	4. 設定下一個階段成果	

　　要注意我這邊說的是「可能」，就是先把所有想到的可能問題都列出來，不是全部都要解決，而是要找出值得優先解決的問題。

　　另外，當我們把腦中的擔憂，轉成具體的問題。往往可以看得更清楚，釐清相關的煩惱，卻除次要的煩惱。

4. 設定下一個階段成果

　　很多時候，我們的目標模糊不清，而且跳躍得太快，最後變成列上待辦清單的事情，其實只是瞎忙，或是壓力很大。

　　以第二章我們一開頭講到的那個運動例子來看，同學想到「我要運動」，直接跳躍到在行事曆上設定「每天上健身房運動」，這就是目標還模糊不清時，跳躍太快，最後做不到的結果。

　　而在「目標現實化表單」中，就是幫助我們確認思考的流程，用具體願景來修正目標，用列出阻礙問題來找出真正值得設定的任務。

我們接下來要填寫「4.設定下一個階段成果」時，應該要從「3.可能要解決的問題與改變」，找到這個欄位的答案。

目標現實化表單

1. 腦中想法	3. 可能要解決的問題與改變	5. 達到階段成果的可能方法
寫 一 本 Evernote 的新書	(1) 如何找出時間寫稿？	
	(2) 大家對我的方法有興趣嗎？	
2. 要達成的具體願景	(3) 我可以把工作流程理論化嗎？	
歸納出一套 Evernote 時間管理方法論，讓讀者也能套用，並且讓管理工作人生更輕鬆	(4) 要怎麼教才會好吸收？	
	4. 設定下一個階段成果	
	開設 30 人 Evernote 子彈筆記實體課	

在這個真實案例中，我分析自己要解決的問題，其中很多個問題圍繞在「這個方法是不是真的對他人有用？」這件事情上，我應該要先想辦法確認這件事情。而且這個問題的優先次序也比較高，因為如果這個問題發現答案是否定，那找出時間寫稿也沒意義了。

所以我為自己設定的下一個階段成果就是：「開設 30 人

Evernote 子彈筆記實體課」。我先集中全力，把這個課程開成，用這個課程來測試看看，是不是大家會想聽？聽了是不是覺得有幫助？還有什麼需要修正的地方？應該如何教學？等等問題。

而且，這是一個短期、具體的成果，比較好規劃，比較好實現，就算失敗了的損失也比較小（跟寫了一年的書來相比的話）。

這就是「專注在下一個成果」，這個有價值的成果，如果能從前面的問題分析產生，那麼通常帶來的價值最大。

5. 達到階段成果的可能方法

最後，在鎖定好的下一個階段成果上，分析看看達到這個成果有哪些可能作法。

目標現實化表單

1. 腦中想法	3. 可能要解決的問題與改變	5. 達到階段成果的可能方法
寫一本 Evernote 的新書	(1) 如何找出時間寫稿？	在部落格試寫幾篇方法論試試水溫
	(2) 大家對我的方法有興趣嗎？	先規劃三小時短課程
2. 要達成的具體願景	(3) 我可以把工作流程理論化嗎？	發問卷詢問讀者對這堂課的興趣
歸納出一套 Evernote 時間管理方法論，讓讀者也能套用，並且讓管理工作人生更輕鬆	(4) 要怎麼教才會好吸收？	在企業內訓課程中演練部分內容
	4. 設定下一個階段成果	
	開設 30 人 Evernote 子彈筆記實體課	

　　於是，如果規劃一整天的課程不順利，我就先嘗試規劃看看三小時課程。如果這樣還是卡關，我就試著寫幾篇文章看看反應。或者乾脆發放問卷來收集讀者想上的課程內容回饋。也可以先在原本有邀約的企業內訓課程安插一些段落來演練。

　　於是，目標將會變成具體、聚焦，立刻可以開始做。

　　後來在撰寫完那本書之前，我已經開設了快 10 堂相同主題課程，找到了當初我設定的那些問題的解答，於是這個目標專案，才能被我真正有價值的完成。

2-5

找不到目標怎麼辦？ VS 「問題成果法」

不一定要做年度目標，因為隨時都在解決問題

每一次在上時間管理課程，帶大家演練前述的目標現實化拆解時，有時會遇到幾位朋友，遲遲難以動筆，過去詢問，常常得到的答覆是：「我好像沒有目標？」

我們遇到的難題是，時間有，但不知道自己想做的事情中，什麼事情可以當成目標來管理呢？感覺在做的都是一些小事，好像也不需要專案計畫的幫忙？

可是雖然如此，就算平常要做的事情都有做到，但自己並不覺得開心或滿足，確實覺得自己缺少了一些什麼？

這時候應該怎麼辦呢？「找不到目標」這個問題，我們或許可以從另外一種角度來解答，那就是「刻意找目標」會變成

怎樣？

　　什麼是「刻意找目標」，例如每年 1 月 1 日，打開自己的筆記本，決定開始建立今年度的新計畫，把一些非常勵志的願望寫上去，還真的可以拆解出一個看起來有模有樣的計畫。但這樣的刻意找目標，最後常常會落入兩種情況：

● **根本不會去做，因為目標都是憑空想像的。**

● **做了也無法滿足，因為目標都是從別人那裏看來的。**

　　我常常收到這樣的讀者、學員來信，他說：「自己總是會建立很多看起來很棒的年度計畫，例如要讀 100 本書，但努力了幾周後，因為事情忙碌、動力下降，最後總是不了了之。」也有人曾寫信跟我分享：「他養成了每週運動兩三次的習慣，但漸漸的不知道自己這樣做的目的是什麼，變成好像每天逼自己重複的作息，沒做到還很挫折，但體重也沒有降下來。」

　　養成閱讀習慣、養成運動習慣，這都是我們很容易在社群朋友圈看到的 "好" 目標，但透過前面的拆解分析，你應該知道，這些想法其實往往都不是真正的目標。

　　這種 "好" 目標會在我們「刻意找目標」時，變成我們的年度計畫。但如果沒有想清楚，為什麼要讀 100 本書？為什麼要每週運動兩三次？那麼最後這樣的目標也沒辦法帶來明確的

價值。

所以,我自己其實是不做年度計劃的,因為我隨時都在為了解決問題而設定目標。而問題,從來不是每年1月1日才發生,而是隨時都在發生。

目標不是刻意去找出來的,那樣的目標反而往往脫離現實,甚至跟自己無關。

為你腦中的想法設計願景與成果

還記得在前一篇文章中我提到的目標現實化表單嗎? 那時我提到填寫第一個欄位的方法是:「先簡單把腦袋中浮現的想法寫下來。」我這邊要說的意思就是,不要刻意去找目標,我們就從最單純的想法出發。但關鍵下一個欄位,就是我們如何為這個想法去設定他的願景,拆解出可以專注的下一個成果。

找不到目標一個很關鍵的原因,不是沒有目標,而是我沒有為腦袋中的想法,去設定有價值的願景和成果。

舉一個生活上的例子，我最近一直覺得畫畫這個休閒活動讓我感覺到很快樂，這是一個腦袋中的想法，這感覺是一個生活中的小事，但我確實「每次想到都會覺得很快樂」。我不知道他值不值得當作目標？

但其實這並非關鍵的問題，關鍵的問題在於：我們如何把這件小事擴張成目標。

我們可以想想看，「很喜歡畫畫」這個想法，如何設定具體的願景呢？具體的願景是「我會獲得什麼具體的價值」，或許我可以這樣設定：「在社群上分享我的畫作，讓同好可以跟我一樣在畫畫中獲得療癒。」

那麼，這個願景的下一個階段成果會是什麼呢？或許可以是「開設 Instagram 帳號，一個月內分享 10 張以上，目前我擅長的畫畫作品。」

我們或許不知道「喜歡畫畫」是否可以當成目標，但「開設 IG 帳號並分享 10 張作品」絕對是一個有價值，可以獲得成果回饋的計畫。

這就是找到目標的第一個技巧，為單純的想法，設計願景與成果。

把計畫目標，轉變成為解決問題

如果在為想法設定願景與成果的過程還是卡關，我們可以試試看把計畫目標轉變成拆解問題。

現在不要找目標了，把 2-4 的「目標現實化表單」的第一個欄位，從「腦中想法」改成「遇到的問題」。

當我們覺得自己是在找目標的時候，我們往往會想要找到那些非常高尚的目標，看起來非常有價值、有意義的目標。但是，這樣就很容易陷入覺得自己沒有目標的困境。

然而，我們真正需要的並不是找到那些高尚的大目標，我們可以反過來做。

改變一下思考邏輯，不是要找出什麼大目標。而是從真實的小問題出發，把他做成大目標。

例如我自己很不喜歡工作上的瑣事，但在企業內工作，免不了有很多繁雜的小事情要處理，這對我來說就是一個很具體的「問題」。我就從這個問題出發，思考看看有沒有什麼辦法，可以加快工作上的這些繁雜瑣事的流程呢？可能是利用一些工具，可能是工作流程上的改變。

於是從這個問題出發，我有了一個階段性願景和成果：「研究一些提升工作效率的工具。」

然後我又想，既然我都已經研究了那麼多提升效率的工具，還可以做些什麼來讓做這件事情的價值提升呢？於是我可以把願景和成果提升到：「分享提升工作效率的工具。」

讀者們都知道，這其實就是我已經撰寫了十幾年的「電腦玩物」網站初衷。當初就是從這樣一個小小問題、自己的問題出發，但是在解決問題過程當中，我想辦法把解決問題擴張成更有價值的願景和成果。於是一個看起來有價值的目標就產生了。

我們往往不覺得自己的小問題可以當作目標，但那其實是我們還沒有真正去拆解問題，把問題變成目標。

問題成果法的簡單練習：
為想法設定願景，為問題設計成果

這裡最關鍵的是，不要被自己的好目標想法給侷限了。

目標從來不是找出來的，而是自己設定出來的，
要有什麼願景、要創造什麼成果，那是你自己可
以設計的！

下次如果覺得自己找不到目標，試試看下面兩個步驟：

● 為想法延伸一個具體的願景：

　‧畫畫是想法，建立社群帳號分享畫畫是願景。

● 為問題設計一個具體的成果：

　‧瑣事太多是問題，分享研究的提升效率工具是具體成果。

單純的畫畫想法，單純面臨瑣事太多的問題，確實不足以
成為目標。但是，接下來我們在設定願景、設計成果的過程中，
可以把這個想法、問題，提升到什麼程度？

這就取決於我，是我們的目標選擇了！

2-5

想做的目標太多怎麼辦？ VS 「專準選擇法」

不一定要用九宮格來完滿人生每個層面的目標

另外還有一種很容易陷入刻意找目標的方法，就是畫一個九宮格，四周有理財、家庭、興趣、職業、休閒等等欄位，每一格都要你填上一個目標。

總之幫我們規劃好人生就是有這幾種層面，每一種層面都塞一個目標上去，看起來就是幫人生找到完滿的目標規劃了？但真的是這樣嗎？

這裡不是說要批評年度計畫、人生九宮格這些行之有年的方法，當然更不是說製作一個長遠的目標，或是人生完滿的視野不重要，這些當然重要。

但這些方法很容易讓人陷入刻意找目標，或者因為很刻意，

所以不小心塞給自己太多目標的困境。

因為有太多想做的事情，因為人生每個層面都想顧及，所以設定了好多目標，最後卻發現自己根本沒有時間去做，結果更沒有動力去做！

這時候可以怎麼辦？其實很簡單：

不一定要用很多目標來完滿人生，難道不能用一個目標貫穿人生每個層面嗎？比起很多個淺層目標，不如聚焦一個深度目標，做出我們的「專準選擇」吧！

用目標現實化表單，做為目標「比價」基礎

我們來想想看一個購物的例子，如果我今天想買一台車，我們會怎麼買車呢？我們會不會走到樓下，如果旁邊剛好有一家汽車經銷商，我直接走進去看到第一台車，無論是什麼車，我就說我要買下這台車，我相信沒有人會這樣買車。

但是在時間管理上，我們常常這樣選擇我們的目標，我們看到別人的目標，看到心動的目標，直接列上待辦清單，而沒

有做出真正的選擇。

那麼正常的人會怎麼買車呢？我們一定會設定好自己的需求、預算，列出幾種自己想買的車型，一定會實際到汽車經銷商去試試看，然後還會經過反覆的比較，才最終決定我們要買的一台車。這是正常購物的流程，這也是時間管理需要的流程。

在時間管理上要實踐這個流程，就可以利用前面 2-4 的「目標現實化表單」。

就像要買一台車一樣，把每一個你想做的目標，分別填上一張張的目標現實化表單，上面的欄位都應該要盡可能地填寫，而那就是我們最好的比較基礎。

怎麼在很多個目標之間做比較呢？比較基礎是下面兩個欄位：

● 哪一個願景更有價值？

  ‧ 不是哪個目標更有價值，而是要看哪一個願景更有價值。

● 哪一個下階段成果最能做得到？

  ‧ 所謂的重要，做得到才重要。哪個目標重要，關鍵在哪個目標的階段性成果做得到。

　　我想要培養運動習慣，我想要練習烘焙，我想要練習畫畫，這麼多目標，哪個目標更有價值？從單純的目標表面是看不出來的，但是如果變成下面這樣：

● 我想要培養運動習慣

　‧刺激腦袋的思考

● 我想要練習烘焙

　‧做出孩子的生日蛋糕

● 我想要練習畫畫

　‧在社群上分享作品

　　那麼，相信你更容易做出你覺得更有價值的選擇，並且你也可以更清楚看到哪一個更可以做得到（這裡我不做預設答案，因為每一個人的價值觀與處境並不一樣）。

用目標現實化表單，淘汰你的目標

　　當使用目標現實化表單來拆解自己的目標時，如果遇到有一個想法，怎麼樣都想不出讓自己很滿意的願景，或是怎麼樣都很難拆解出下一個階段性成果。而且就算想要自己設計，也總覺得設計出來的結果並不讓人心動與滿意。

這時候其實目標現實化表單正在告訴你一個很關鍵的訊息：這是一個你應該暫緩的目標。

不用擔心你用目標現實化表單拆解，如果遇到卡關的時候怎麼辦，因為就是希望你可以在拆解過程中，發現有些目標拆解不出來，這時候其實很有可能這個目標不是我真正的目標。

但是如果可以回歸目標現實化表單的拆解，那麼我們將更容易看出那些可以被淘汰的目標。

把願景與成果，聯合成一個深度目標

有一種做法，是在人生的每一個層面，都設定一個小目標，這樣看起來好像可以照顧到人生的不同面向。

但也可以有一種做法，選擇一個深度的目標，讓這個目標的成果與任務，可以貫穿人生的每個層面。

如果目標很多，那麼需要的時間也變多。如果目標專準有深度，那麼花在同樣一個目標上的時間，就能顧及到人生的不同需求。

　　有一位老讀者曾經寫信問我，描述自己目前遇到的目標很多，但沒有時間做的困境：「現在我是一個全職媽媽，我有一個育兒的目標必須要執行，但是我也很想做點其他的事情，我之前是廣告行銷專業，我很想透過經營網上賣場來擴充收入，我也很想寫部落格，我還希望能透過閱讀學習持續自我成長。但是這麼多目標，似乎找不到時間全部完成。」

　　如果我們嘗試來簡單拆解這些目標的願景與成果，會怎麼樣呢？

● 育兒目標

　　‧願景：把寶寶顧好

　　‧問題：我還是新手媽媽？

● 經營賣場目標

　　‧願景：找到個人成就，賺取零用錢

　　‧問題：要販賣什麼東西？我熟悉什麼產品？

● 寫部落格目標

　　‧願景：想要透過持續分享獲得更人成就

　　‧問題：目前自己最有心得的事情是什麼？

● 閱讀學習目標

　・願景：個人成長與放鬆時間

　・問題：現在讀什麼書可以兼顧成長與樂趣？

　　你有沒有看出什麼端倪了？這是很多個目標，還是其實可以整合成一個互通的大目標呢？

● 育兒目標

　・下一個階段成果：製作各種小孩吃得開心有營養的副食品

● 經營賣場目標

　・下一個階段成果：販售各種副食品器材團購

● 寫部落格目標

　・下一個階段成果：分享自己的副食品食譜

● 閱讀學習目標

　・下一個階段成果：閱讀寶寶副食品與營養相關書籍

「目標現實化表單」的拆解，可以讓我們串通不同的目標與願景，在「下一個階段成果」處，把他們連結起來！

這樣一來，其實都是一個目標，一件事情可以有多重的價值，但一件事情只要花一次的時間。而且在這個以「育兒」為核心的大目標下面，不就顧及到了人生的家庭、興趣、理財、成長多個層面嗎？

專準選擇法的簡單練習：比價、淘汰、串聯

不是我們的目標很多，而是我們沒有把目標拆解到深度的願景與成果，所以我們看不出目標之間的優先次序，以及各種關聯。

我們可以試試看用目標現實化表單來拆解目標，然後思考三件事情：

● 比價：哪一個目標的願景、成果，最有價值且做得到？

● 淘汰：哪一個目標其實現在根本拆解不出具體願景。

● 串聯：目標之間的願景是否相關？成果可不可以結合？

這樣一來，就可以做出更好的目標選擇，並且讓多個淺層目標，也能整合成一個深度目標，節省時間，創造更大價值。

第三章

子彈行動力

3-1
看得見的拖延很有壓力？ VS 「覺察隱性拖延」

逼自己不拖延，是更有壓力的一件事情

在前面一個章節我們完成了目標的拆解與選擇，接下來當然就要開始產生行動。問題是我們即將面臨時間管理的另外一個普遍問題：「我會拖延怎麼辦？」

有些人長期為愛拖延的性格所苦，例如我自己其實也是一個很愛拖延的人。有些人則是會在一些困難的工作上拖延、在一些不喜歡的工作上拖延。 在這個章節中我們會分成好幾個不同的角度，來好好的解決拖延問題。

首先當面對拖延問題的時候， 我們要知道出現「拖延」這個情緒本身，並不是一個很嚴重的問題，甚至這個情緒可能來自於一些正面的想法：

- 因為我很看重這件事情。

- 因為我對這件事情有很大的期盼。

- 因為我知道我必須做這件事情。

正是因為太過看重、太過期盼，又知道自己非做不可，但因為某些原因而受到阻礙，所以產生了拖延的情緒。

這樣的情緒產生是有原因的，情緒本身並不是什麼罪惡的事情，關鍵是接下來我們如何產生反應。

而拖延真正的問題，往往是在我們採取的反應上面。當我們面對拖延情緒的時候，非常的自責，開始逼自己不要去拖延，開始要求自己的專注力、恆毅力，開始想要用很多額外的獎勵，讓自己去處理那個原本被拖延的事情。

但如果有這樣經歷的朋友，往往就會發現，結果適得其反。反而在逼自己不要拖延的過程中，變成什麼事情都做不了，變成所有的事情都在拖延，變成壓力更大的心理狀態。

我們想要快速處理掉拖延情緒（逼自己去做），我們想要壓抑自己拖延的情緒（覺得自己應該更專注、有毅力），但卻沒有想過：回到那個產生拖延情緒的事情本身去做處理！

　　我的意思不是那種很自以為是的想法，既然拖延，那就立刻去做啊？我不會這樣想，因為這樣想就是再次陷入逼自己不拖延的困境。或許這樣的激勵，對有些朋友有效，但對真正深陷拖延所苦的人來說，效果是很低的。

　　我這裡說的：「回到那個產生拖延情緒的事情本身去做處理」，意思是回到目標現實化的拆解狀態：

我們應該思考一個核心的問題，我是不是為自己設計出一個很容易產生拖延情緒的計畫？那麼我又如何把計畫拆解成不容易產生拖延情緒呢？

　　不要逼自己不拖延，回頭去處理自己的目標計畫，看看自己是不是給了自己壓力過大的待辦清單。

　　這部分，我會在接下來的篇章裡分析。但接下來，我要先點出最可怕的隱性拖延。

看得見的拖延不可怕，偶爾拖延一下也很好

　　不一定要逼自己馬上就去做，事實上大多數時候馬上就去做，往往不是最好的選擇。

當我們害怕拖延，於是每一件被交代的事情都列上待辦清單，然後就開始矇著頭拼命去做，沒有時間的時候就硬把時間擠出來，不管這些事情到底跟哪些目標有關？他們應該要創造什麼樣的願景？他們最有效的下一個階段成果是什麼？這樣子做時間管理，不是時間管理。

所以這時候如果拖延一下，我們應該要用很健康的心態來看待他。

如果要寫某一個企劃，現在暫時沒有想法，於是拖延一下，等到要截止的時間快到時，因為時間的壓力讓自己產生的更多靈感，最後這個企劃還是可以完成，而且完成的企劃有很棒的點子，這樣來看，拖延並不是什麼不好的事情啊？

有時候有些工作的雜事，雖然丟雜事給你的人總會說要趕快處理完成，但是你知道自己有些重要的工作安排，也知道這個雜事暫時不處理也沒關係，於是你決定拖延一下，決定等到自己重要工作完成，有一個空檔的時候，把一些累積的雜事一次處理完成。這雖然有拖延，但其實才是更好的時間管理流程。

其實上面兩個例子的拖延，都是很健康的拖延，因為有些事情就是需要在拖延的過程中醞釀一下，讓更好的成果可以產生出來。因為有些事情確實就是比較次要，確實就是應該稍後再做，才會更有效率。

在看得見拖延的背後，覺察隱性拖延

但是在這樣的看得見拖延背後，其實還有更可怕的看不見拖延，我在這裡稱呼他為「隱性拖延」。

因為拖延了這件事，所以其他事情也什麼都不做，變成一種自我懲罰的心態，這是可怕的隱性拖延。

因為有很多看得見的事情還沒做，所以那些暫時還沒確定的人生目標可以暫時逃避，這是另外一種可怕的隱性拖延。

在時間管理上，最優先要解決的拖延問題，其實是解開「自我懲罰」的心結，以及面對「逃避目標」的瞎忙。

解開自我懲罰的拖延心結

我有一件答應別人的稿子，遲遲拖著還沒開始寫，我開始覺得什麼事都做不好，沒辦法先去做其他的重要工作，也不敢放心去陪家人度過周末，更不敢好好休息。每天晚上輾轉難眠，早上起床後原本的運動或休閒習慣，也因為自責而暫停。但打開空白稿子，卻也是東想西想，一個字都寫不出來。然後其他重要的工作也全部被拖延。

拖延一件事，有可能是我對這件事還沒有好想法、還沒找到好做法、還沒調整好動機與目標，我確實在這件事情上受挫了。

但這不代表我要因此「懲罰」自己，讓自己沒辦法去做好其他預定的目標，甚至去做玩樂目標。

如果可以察覺自己陷入了這樣的「懲罰心態」，就有機會從還在拖延的某件困難事情中跳脫出來：「我只是拖延了那件事，雖然對不起那件事，但我還是有資格去完成其他的事情，在其他事情上找到快樂與成就感。」

時間管理就是，在每一個當下時間點，去做有價值的目標，無論那是哪一個目標。只要能在時間中創造出價值，就是好的時間管理。

而且，更有可能在我好好跟家人度過一場盡情而專注的周末旅行後，或是我完成了另外一個工作挑戰並得到成就時，啟發了我回頭完成那件拖延事情的靈感、動機與想法。

覺察到懲罰心態，幫助自己避免陷入什麼都做不了、什麼都做不好，玩也玩不好的拖延地獄。

面對逃避目標的瞎忙

有時候拖延不一定是特定拖延什麼事情，而是感覺什麼事情都不想做（或什麼事情都想做），看起來每件工作都很難（或就是覺得好多工作根本做不完），於是不願意為自己下決定、做選擇，但又不希望無事可做，這時候可能會想要：逃避到我很忙的「有事可做」狀態。

這種有事可做的狀態，可以分為兩個層級：

● 在拖延的時候，沒有目標的打開影音網站、臉書社群，讓「別人的選擇（推薦、推送）」提供我有事情可做的感覺。

● 更高段的拖延，則是拖延工作與生活中未定的目標，但打開郵件、即時通，讓「別人的選擇（新瑣事、新討論）」給我不斷忙碌的安心。

如果能夠覺察到這種隱而不顯的逃避心態，那麼就有機會好好跟自己重新對話，問自己真正想要什麼，做出自己有價值的選擇。

並警覺到，我正在用「有事可做」來逃避那些更重大事情帶來的可怕拖延感覺。但如果，其實面對那些重大事情的拖延並沒有那麼可怕呢？

覺察隱性拖延的簡單練習：解開心結，停止瞎忙

就像前一個章節我不斷強調的，養成習慣不會是真正的目標，背後的願景與成果才是。我們不是要做一個完全不會拖延的人，那並非我們的真正目標。我們在時間管理上的真正目標，應該是「完成有價值的事情」。

我建議當出現拖延情緒時，先做做下面的簡單練習：

● 解開自我懲罰的心結：

‧ 有價值的A目標拖延了，那麼有價值的B目標難道不能開始做嗎？看看自己的目標現實化表單，找出可以替換或先做的目標。

● 停止瞎忙，面對真正的目標：

‧ 很多雜事被拖延了，但是我是否有拆解真正生活、工作上那些閃閃發光的想法，開始推進那些真正的目標呢？

拖延的情緒有時候是一種訊號，她在提醒我們人生中還有其他需要處理的更重要的事情，千萬不要刻意壓抑她，那樣反而會適得其反。

3-2

愈重要的事情愈會拖延？ VS 「成果鼓勵法」

等我找到喜歡的事情，我就會去做嗎？

前面我們拆解了拖延中最關鍵的隱性拖延心態，接下來我們要面對那些真正重要的目標、真正有價值的任務，為什麼還是被我一直拖延的問題。

有時候會聽到這樣的想法：因為我還沒找到喜歡做的事情，我還沒找到自己的天賦熱情，所以我現在還沒辦法全力投注到工作上。 這樣的想法也會衍伸到，因為工作上有很多事情我們不喜歡，就會拖延著不去做。

好像是說只要找到喜歡做的事情，我們就不會拖延，但真的是這樣嗎？

我們有多少人曾經有過環遊世界的夢想，這個夢想看起來

應該很喜歡吧？但拖延的人又有多少呢？有多少我們覺得自己喜歡去做的事情，可事實上在真實的人生中都被我們拖延？

等我們捫心自問，就會發現，並非是找到我喜歡的事情，我們就不會拖延。

那麼到底是什麼樣的事情我們才不會拖延呢？同樣是環遊世界旅行的例子，當他還只是一個想法的時候，這個想法往往都會被一直拖延。但是如果現在他變成了一張今天早上 6 點就要出發的機票，那麼我相信絕大多數朋友都可以在凌晨 2、3 點起床（無論原本是不是早起的人），早上 4 點到達機場，會拖延的人少之又少。

這裡面關鍵不拖延的原因是什麼呢？不只是因為這件事情我喜歡，而是當拿到機票的時候，這件事情就變成「看得到目的地」的目標。

「看得到目的地」的目標，才是不容易拖延的目標。而在理想心態的作祟下，我們常常會為自己設定那些看不到目的地的目標與計畫，然後陷入拖延的循環。

但問題又來了，那些最重要的目標，無論是生活或工作專

案，不都是暫時看不到目的地的長遠計畫嗎？甚至有些最有價值的事情永遠沒有目的地？他們的重要，正是來自於需要長期的投入，所以才能產生最大的價值。

這樣一來，難怪愈重要的事情，我們愈會拖延？

給自己一些額外的獎勵，我就會去做嗎？

很多克服拖延的方法，會提到應該給自己獎勵，讓自己有動力去做。尤其那些很長遠的計畫，要完成可能要很久以後（甚至永遠都在完成的路上），這時候是不是可以給自己一些即時的獎勵呢？

但是我們來想想看，求學時代老師、家長為了督促學生考100 分，可能會說如果你考滿分我就送你一個禮物。頭幾次或許我們真的會為了那個禮物努力念書，但大多數時候這樣的刺激消失很快，拿到一兩次禮物之後，下次這樣的獎勵或許就再也無法構成我們努力念書的動力。

很多習慣這樣獎勵模式的朋友，一旦脫離這樣的獎勵模式，就會陷入重要的事情永遠沒有動力去做的惡性循環。

不是獎勵不可行，如果只是把獎勵當作自己完成之後的「加分選項」，是可以的。但是如果把獎勵當作完成重要事情的刺激，往往會讓這樣的動力消失得更快！

這時候我們需要的不是額外獎勵，而是「對這件事情本身真正的鼓勵」。真正的鼓勵，會讓我相信這個重要而有價值的事情，是我能夠完成的！

什麼是真正的鼓勵？結合前述的分析，面對那些重要而容易被拖延的事情，我設計了一個「成果鼓勵法」，有兩種模型，設計出可以讓我看到並相信：「這個重要目標我真的做得到」的成果。

「現在可以完成」的階段性成果

前一個章節在提到目標現實化表單的時候，要大家最後拆解到可以專注的下一個階段性成果，其實這就是一個克服拖延的步驟：

讓下一個階段的成果是「現在可以做得到」，是「真的可以完成」的，讓我們開始相信自己可以

繼續往下一步推進。

這段話看似簡單，但是要實踐起來，其實裡面是需要發揮創意巧思的，為什麼呢？

例如我現在要寫一本書，假設已經要開始寫了，於是我設定：「六個月之後完成文稿」，這是一個好的階段性成果嗎？當然不是。

那如果規劃成「一個月後完成第一個章節」？好像好一點，起碼有分段執行。那如果是「這個禮拜寫完第一篇文章」，好像又更好一點，更能夠完成。可是有沒有更好的設計方式？

上述的成果，都還有一個「不確定性」，那就是我不知道自己能不能寫出讓自己滿意的內容？

這個「不確定性」，在很多困難而有價值的事情上，往往是拖延最大的元兇，這個元兇有個名字叫做：「自我懷疑」，我不知道自己是否能做好？這樣算好嗎？別人為什麼已經做得很好了？

於是我必須更精確的設計出「現在可以完成」的階段性成果，讓自己相信我還可以往下一個階段推進。

例如，我可以把「這個禮拜寫完第一篇文章」，改成下面階段性成果：

● 用一個禮拜時間，先寫幾個最有把握的主題的草稿，看看能推進到什麼程度。

這些階段性成果和「強制性」的這個禮拜寫完第一篇文章比起來，最大的不同在於「降低了不確定性」，沒有那種模糊的好壞評價壓力，可以減少自我懷疑，反而是在鼓勵自己多創造一些成果。

而當自己真的可以創造出一些草稿成果的時候，往往這些「完成的成果」會變成自己繼續推進最好的鼓勵。而關於怎麼寫完一篇文章？怎麼寫更好？等等自我懷疑的問題，反而是要等到有完成的成果後，我們才能進一步去修正確認的。

真正有效的鼓勵，其實是證明自己現階段可以完成一些成果，這些真正完成的成果，才是自己繼續推進重要目標的有效刺激。

「我所認同價值」的階段性成果

另外常常有一種克服拖延的說法，有一點像是獎勵的另外

一面，就是給自己一些外在的懲罰或約定， 如果當我答應某件事情而我做不到的時候，就會損失某些東西。

這些外在的懲罰或約定，初期可能有一點效果，但是如果沒有建立內在的驅動力，那麼這個效果就會遞減，最後就需要更大的懲罰、更大的約定才會去做，又是適得其反。

所以除了現在可以完成之外，要克服拖延，我們還要讓階段性成果「和我有關」，建立內在驅動力。

和我有關的意思是，這件事情要創造的成果是「我所認同的價值」。要注意的是，我所認同的價值，和我喜不喜歡，是兩回事。

尤其很多重要的事情可能是外加給我的，或許是工作上外加給我的重要專案，或許是生活中家人外加給我的重要專案。這時候我們更需要在這些專案中，設計我所認同的價值。

例如，當年在準備婚禮的時候，老婆給了我一個重要的任務，是要籌備拍攝婚紗。這是一個外加給我的任務，這件事情當然很重要，但問題是他原本的成果是一本婚禮上的婚紗相本，但對於這個婚紗相本我卻沒有什麼特別的認同，反而覺得這個婚紗相本可能婚禮上被翻過一次之後，以後就很難拿出來重複的翻看。

於是我就思考，如何讓做這件事情的過程當中，能夠結合我所認同的價值呢？

後來我就決定拍攝婚紗這件事情，要加入一個不一樣的成果設計，婚紗攝影的場地從原本的老套地點，改成我和老婆的重要約會回憶地點。於是，我就為這件事情加入了一個我所認同的價值：「透過拍攝婚紗，在結婚之前，和老婆用特別的方式回憶我們重要的約會時光。」

不是說我把自己變得很喜歡拍婚紗，而是我在這件事情中加入我所認同的價值，於是當每次面對拍攝婚紗的那些瑣事的時候，這個我所認同的價值，會幫助我成為跨越那些瑣事挫折的內在驅動力。

事實上工作的事情也可以這樣處理，還記得我在前一個章節提到目標現實化表單的時候，我用自己撰寫 Evernote 新書為例，把這個目標的願景設定為整理出可以幫助他人的時間管理流程。這就是加入我所認同的價值，寫本書不一定是我的認同，但創造一個可以幫助他人的方法，那就是我所認同的價值。

成果鼓勵法的簡單練習：完成我認同的價值

下次如果遇到那些重要的專案，目標可能很長遠，雖然知道很重要但卻一時之間無法做到，開始產生很多自我懷疑的時候。甚至開始覺得這一個專案是別人外加給我的，讓我越看越討厭的時候。

我推薦大家可以試試看用「成果鼓勵法」來轉換目標計畫，找到那個看得到，而且自己會想前往的目的地：

● 「現在可以完成」的階段性成果

● 「我所認同價值」的階段性成果

我還記得當年拍攝完婚紗之後，那本婚紗相本，在我跟老婆結婚的這麼多年來，還真的從來沒有拿出來看過第二次。但是我們卻常常在聊天的過程，提起那次拍攝婚紗的經驗，想到那時候我們在重要的約會回憶地點，進行了一次有趣的巡禮。甚至現在帶著小孩回到這些地點的時候，又有更多可以回憶的素材。

這其實就是在克服拖延的過程中，正確的方法可以創造的額外好處，這才是真正價值深遠的鼓勵。

3-3

困難的任務就是會拖延？ VS 「拆解下一步行動」

<u>不是我們愛拖延，</u>
<u>而是立即可完成的行動才能執行</u>

我們前面講解了很多時間管理中目標拆解的方法，因為這是時間管理的源頭，如果目標沒有設定好，那麼就算有再多提升效率的技巧，也可能只是走在方向錯誤的路上。

但是當目標確定之後，當階段性的成果確定之後，接下來我們依然需要依靠一個一個任務的具體行動。來把這一個成果真正的完成。於是這就會面臨接下來的問題：「如果這個任務真的很困難、很複雜。我如何克服看到任務就不想做、不敢做、沒有時間做的拖延難題呢？」

接下來我們要做的就是為具體要執行的任務，再進一步的

拆解出立即可行的下一步行動清單。

舉個例子，如果說我們目前出現一個空檔，眼前有兩件事情可以選擇，一件事情是看一部電影，另外一件事情是寫一篇報告。你覺得大多數的人會選擇哪件事情來做呢？我相信很多朋友答案會是看一部電影。或者起碼大多數朋友都會在心裡產生掙扎，我知道我應該要去寫一個報告，但還是忍不住選擇看電影，而這樣的選擇也會讓自己充滿罪惡感。就算選擇寫一個報告，也可能進度非常的緩慢。

但是我們其實不需要自責，面對困難任務的拖延，並不是我們太懶惰，而是本來就是要看到立即可完成的行動，才是好執行的行動，我們才會立即去做。

在這個例子中，看電影是一個只要坐在那邊兩個小時，就能夠看完一部電影，獲得一些收穫，這種事情會讓我們優先想要去執行。

但是寫一個報告，我們的想像往往是打開文件，文件一片空白，我的腦袋也是一片空白。這時候如果任務叫做「寫一個報告」，看起來就不像是一個立即可完成的行動，我又怎麼會選擇去做呢？然後就往往要等到時間非常緊迫的時候，多一點逼迫自己的壓力，我才會願意去執行，但那樣的時刻往往也是令人痛苦的時刻。

既然我們知道人性就是喜歡做立即可完成的行動，有沒有可能我們用這樣的方法來設計任務，讓我們在那些有價值任務上相對不容易拖延呢？

回推法：困難步驟之前一定有簡單步驟

如何為任務拆解出立即可行的下一步行動呢？第一個方法我稱呼為「回推法」。

任何任務都不是一步就可以完成的，在達到完成結果之前，一定有很多「前一個步驟」必須要做。　我們就去拆解出前一個步驟，先去做前一個步驟，一定是一個比較簡單又立即可行的步驟。

例如我想要烘烤一個蛋糕，前一個步驟可能是需要準備食材原料，再前一個步驟是需要準備烘焙器材，再前一個步驟是需要建立蛋糕食譜，再前一個步驟是搜尋一個蛋糕食譜。　透過簡單的回推，其實我們就可以找到這個任務立即可行的下一步行動，以這個例子來說，就是「找到一篇想要試試看的蛋糕食譜」。

這個任務最終我確實需要一兩個小時的時間來實際進行蛋糕的烘烤。這時候我需要空下一段週末的時間，來完成這一個任務的最終結果。但是關鍵的問題在於，如果我前面沒有先把蛋糕食譜找到、沒有根據食譜去採買器具、沒有在前一天根據食譜備好原料。那麼等到週末，就算有一兩個小時的空檔，這個任務當下也是無法推進的！

於是他就會變成一個拖延的任務，因為沒有先做簡單的準備步驟，反而沒辦法一次跳到最後困難的完成步驟。

所以回推法的意思，就是回推任務需要的很多個準備行動，每個準備行動都是立即可做的，並且都會幫這個任務推進一點點成果。到時候在真正需要完成這個任務的時候，才會有足夠的時間，不拖延的把這個任務完成。

例如以前面的寫報告為例，回推準備行動，包含了列出大綱、收集腦袋中點子、準備案例，這些都是我們很難一口氣把這篇報告寫完的原因。但如果我們先採取前幾個立即可完成的行動，那份這個報告也將會在逐步推進中，變得愈來愈簡單。

切割法：困難成果可以是簡單成果的組合

第二個拆解任務下一步行動的方法，是「切割法」。

切割法的關鍵，不是把任務硬拆成好幾次來做，例如不是說寫一篇文章要三小時，我就今天寫一小時，明天寫一小時，後天寫一小時，就能完成嗎？絕對不是這樣！

切割法的關鍵，是任何困難的任務一定是很多個成果的組合，我們要練習看出這個任務的組成結構，然後把每一個結構轉化成具體的步驟， 讓自己可以每一步推進一個小成果。

舉例來說，我現在要製作一份產品簡報，我可以很單純的把這個任務叫做「製作簡報」，期待自己能夠一口氣把它完成，但通常這會需要三、四個小時的時間。關鍵的問題在於，我們常常沒辦法在工作流程上一次空出三、四個小時的時間。於是這個任務就會變得難以開始。

但是如果我們可以切割這一個簡報任務的結構：

● 完成簡報的大綱

● 完成簡報要解決的關鍵問題研究

- 完成這個關鍵問題的關鍵解答設計

- 完成簡報的版型

- 完成簡報需要的圖表

- 完成把上述內容整合成一份簡報與修正

- 完成簡報的口頭演練

> 這些是一個簡報任務大成果，可以切割的小成果結構，而每一個「小成果」都可以變成一個獨立的步驟，並且每一個小成果步驟先執行哪一個都有可能。

每個步驟都可以獨立執行，於是我們可以開始利用分段時間去推進這一個任務，但不是那種強硬、草率的分段，而是每一個分段都真正推進一些具體的小成果。

很多時候，拖延的原因是我們沒有大把大把的完整工作時間，也容易被其他意外事情打斷。這時候，如果時間管理設計成要有完整的空檔，才開始推進任務，那麼這個任務就很容易被一直往後拖延了！

替代法：困難任務不會只有一種實現方法

拆解任務下一步行動清單的第三個技巧，我稱呼為「替代法」。

很多時候我們設計好的任務行動，沒辦法如預期的執行，是因為環境外力給我們的限制實在太多了。

這時候我們可以嘗試利用替代法，來讓一個我們想要推進的任務，無論什麼情況都有辦法繼續推進。

例如我現在為自己設定了一個任務，就是每天都需要做運動。 我為這個任務拆解了一個最理想的行動：每天早上 5 點起床，我就可以開車去田徑場運動，還能夠回家梳洗完並準時 7 點出門上班。

這個行動沒有好壞，但是如果這個任務只設定這一種行動的時候，一旦 5 點鬧鐘響起，不小心太累按掉鬧鐘，我心裡就會想：「今天失敗了，必須放棄這個任務」。而有太多外在因素會干擾這個單一的行動選擇，最後這個每天需要運動的任務，就會變成一直拖延。

但是，每天需要運動這個任務，難道只有 5 點起床去晨跑

的這個理想化行動嗎？我自己會這樣設計：

● 任務：

　　·每天需要運動。

● 替代行動：

　　·5點起床到田徑場晨跑。

　　·5點30起床到社區公園慢跑。

　　·6點起床在社群走廊快走。

　　·早上沒時間，晚上在家用運動App健身。

　　一個有效的任務行動清單設計，應該是為了達成同一個任務，可以有多種選擇的行動，可以做最理想化的行動很好，不能做到時，也有同樣可以推進任務的行動選擇。

　　當我可以為一個任務拆解出可以替代的行動清單，帶來的最大好處就是沒有拖延的藉口了。因為 A 行動不可行，可以採取 B 行動，無論採取哪一個行動，這個任務都在逐步的推進！

拆解下一步行動的簡單練習：
任何時候都能採取行動

　　當我們面對一個困難任務。這時候克服拖延的技巧就是為他設計「立即可行的下一步行動」。

● 回推法：困難步驟之前一定有簡單步驟

● 切割法：困難成果可以是簡單成果的組合

● 替代法：困難任務不會只有一種實現方法

　　這樣列出的行動清單，是真正的子彈行動清單，會帶來幾個好處：

● 第一個好處，知道應該先做什麼準備行動，才不會等到任務真正要完成時，準備行動都還沒做好，當然無法有時間把它完成。

● 第二個好處，把大任務拆解成立即可行的一個一個下一步行動，就可以更有彈性的掌控時間，不需要大段時間才能執行任務，可以在很多分段空檔推進任務。

● 第三個好處，設計可替代的行動，那麼無論環境如何改變，出現什麼意外，我們會有更多的選擇繼續推進任務。

3-4

為什麼列出待辦清單更拖延？ VS 「子彈行動清單」

　　這本書進行到這邊，我們已經討論了目標拆解的問題，並且從克服拖延的角度，進一步去思考如何設計有效的任務成果，如何拆解有效的任務行動清單。

　　這些步驟帶給我們一個關鍵的反思，那就是如果我們有什麼想做的目標，直接丟在行事曆，直接排入待辦清單，最後往往容易拖延、容易偏離目標。

　　因為沒有經過拆解的目標，我們不知道自己真正想要的是什麼？一個沒有拆解下一步行動清單的任務，會因為各種時間、環境、心理的因素，沒辦法立即開始去做！

**　　無論是工作生活當中的大目標，或是被交付的任務，如果可以用第二章到第三章的這一整套流程**

進行拆解，我們就可以建立真正能夠有效執行、創造價值的「子彈行動清單」。

讓我用一個「養成閱讀習慣」為例，套用本書的拆解流程，在這個階段完整示範一次拆解。

養成閱讀習慣，就是每天閱讀兩小時嗎？

通常我們一想到要養成閱讀習慣，直覺告訴我們這應該是一個有意義的目標，那就趕快去做吧！於是我們打開行事曆，設定一個晚上 8:00-10:00 的閱讀時間。如果是一個數位行事曆，直接設定「每天循環」。

於是，養成閱讀習慣的目標、計畫設定好了！我們就會實現了！？但真的是這樣嗎？

相信讀到這邊的朋友，馬上會發現兩個問題：

● 這個計畫缺乏彈性，一定會因為很多原因中斷、拖延、阻礙。

● 這個計畫本身到底要創造什麼價值？每天閱讀，讀了很多書，然後呢？

看得到的閱讀階段性成果？

所以第一步，我們要先從這個目標拆解起。

為什麼要養成閱讀習慣？我想要的成果是什麼？我可不可以為這個想法，設定一個我能獲得的具體價值，當作我的具體願景。

或許我可以先比較籠統的思考，之所以會有閱讀的想法，是因為覺得自己需要成長。之所以覺得自己需要成長，是因為工作、生活中都遇到一些全新的領域而自己不一定知道如何處理。而在這些全新的領域中，對我來說最迫切解決、最想解決的問題，是孩子的教養。

於是，我們可以把那個養成閱讀習慣的目標「想法」，進一步往現實化的目標邁進：

● 目標是什麼：具體有價值的願景

　・用閱讀來幫助我解決工作、生活中的問題

● 階段性成果：現階段可完成、跟我有關

　・用閱讀解決孩子教養的問題

　　但是，在克服拖延的環節，我特別提到，階段性成果的兩個要素：「現在可以完成」、「和我有關、我所認同的價值」。我們來練習看看，把這個初步的階段性成果，修正得更好：

● 階段性成果：現階段可完成、跟我有關

　・讀正向教養的書，並每周和老婆討論

　　原本的階段性成果是：「用閱讀解決孩子教養問題」。這個成果有很多「不確定性」。如果改成「讀正向教養的書，並每周和老婆討論」，能不能解決孩子問題還需要很多實驗，但把讀過的內容和老婆一起討論達成共識，這個是比較可以把握的成果，而且也是我認同的價值（父母要對教養有共識）。

做得到的閱讀行動清單

　　現在我們有了一個明確的任務（階段性成果），就是「讀正向教養的書，並每周和老婆討論」，接下來的問題就是如何推進它。

　　如果用面對困難任務的三個方法來拆解下一步行動，或許可以列出這個任務的行動清單如下。

● 回推法：困難步驟之前一定有簡單步驟

　・搜尋一下正向教養推薦書單

　・買一本正向教養的書

　・和老婆約定討論的時間

● 切割法：困難成果可以是簡單成果的組合

　・讀完正向教養的「錯誤目的表」

　・讀完「鼓勵法」

　・寫完「贏得孩子合作」筆記

● 替代法：困難任務不會只有一種實現方法

　・每天回家抽空閱讀書籍

　・選擇電子書，利用通勤空檔閱讀

　・選擇一個可以朗讀電子書的工具

　・每天開車路上和老婆一起聽電子書

　　最後我發現，最好的子彈行動做法，就是買一本電子書，在開車路上和老婆一起聽，並同時討論。這樣一來，我設定的階段性成果「讀正向教養的書，並每周和老婆討論」，就一定可以完成。

而從這樣拆解出來的結果，回頭去看原本那個「行事曆上每天閱讀兩小時」的計畫，就會發現，經過：

- 目標具體願景

- 目標階段性成果

  ・現在可以做得到的成果

  ・我所認同價值的成果

- 回推前一步準備行動

- 切割每一個小成果行動

- 替代可選擇的行動

最後，我們的計畫，已經和原本那個容易拖延，做了也沒有什麼價值的行動，有很大的差別了！

3-5

不會拆解行動清單怎麼辦？ VS 「行動日誌法」

前面我們從目標拆解、設定階段性成果，到規劃子彈行動清單，跑過一輪完整的演練。但我常常遇到這樣的讀者問題，很多朋友可以做到規劃階段性成果，可以規劃出專案要做哪些任務，但是到了要規劃行動清單的時候。會覺得非常的苦手。

不知道應該如何去有效的規劃出行動清單？覺得這是一件非常困難，要動用很多腦力，也不一定做得好的事情。當然，針對這樣的問題，我前面提出了三個關鍵的方法：回推、切割、替代。讓我們把一個任務的步驟，用不同的思考角度來規劃出更具體的步驟細節，更接近一個有效的行動清單。

但是如果這樣拆解的過程，還是讓你覺得窒礙難行的時候，還有沒有什麼可以幫助我們更容易上手拆解下一步行動清單的方法呢？

有的！這時候我會建議可以換個角度來練習。

不一定要改變習慣，一樣可以替換一個做法

如果我們平常已經習慣直接寫下任務，然後這個任務就是一口氣的把它做完，從來沒有再為任務拆解出行動清單。如果這樣你也做得很好，那也沒問題。但如果這樣卻讓你的時間管理常常卡關，只是有時候要立刻改變習慣，不是那麼容易的事情，你想拆解出子彈行動清單，卻不知道如何下手。

這時候，就像我前面所說的，不是要逼我自己去做，而是要用「替代法」，換一個做法，一樣可以幫你達到想要的成果。

用記錄行動清單，取代規劃行動清單

如果直接針對任務，規劃出下一步動清單做不到。那就試試看：「不要事先規劃」，而是用「過程中紀錄」的方式，來完成你第一次的行動清單拆解。

我們可以試試看，用紀錄，來取代行動清單規劃，這是什麼意思呢？

假如我要製作一份產品簡報，可能原本習慣就是給自己兩天的時間，一口氣的把它做完。當然，這樣的過程中，可能會常常被臨時的事情打斷，讓自己感到很痛苦，但是我還是習慣就是在待辦清單上寫上「製作產品簡報」這個任務，然後一口氣的把它完成。

現在我們要為這個「完成產品簡報」的任務來開始規劃行動清單，以前沒有經驗，我不知道怎麼拆解？沒關係，我們就改成用記錄法。我還是先照著以前的工作模式去做，但是現在當開始製作產品簡報的時候，旁邊準備一個筆記。開始記錄：

● 自己做了什麼步驟？

● 或者在什麼地方會有點卡關？

● 遇到困難要處理的問題？

一邊做一邊可能寫下這樣的記錄，於是有可能產生下面這樣的紀錄清單：

● 在設計版型上花了一點時間。

● 開始列出每一頁的大綱文字。

- 對每頁的版面進行調整。

- 美化產品圖片放入簡報。

- 跟同事要產品的數據報表放入簡報。

- 研究產品應用案例上網找了一些資料。

- 一邊口頭演練一邊修飾自己的產品簡報。

　　我們就先不要想什麼子彈行動清單，我把它當作一種單純的工作日誌，在做這個任務的時候做了一些什麼事情，尤其是那些會讓自己稍微覺得卡關，需要花一點時間的事情，都把它記錄下來。

這份工作日誌的記錄，其實就可以當作你下一次要推進這個任務的行動清單！

　　以前面的產品簡報為例，我們可以把行動清單規劃成：

- 設計產品簡報版型

- 規劃產品簡報大綱

- 設計產品簡報版面

- 畫產品圖

- 收集產品數據報告

● 研究產品應用案例

● 口頭演練與最後修正

你看，這樣是不是就可以透過一次的紀錄，在第二次要去推進類似任務的時候，就知道怎麼列出他的行動清單了！

當你有了這份行動清單。 之後你就可以進入我們的時間管理流程。開始分段執行這個任務。開始知道怎麼提早執行這個任務。可以利用零碎的空檔先找到產品簡報的版型，可以利用開會時間快速跟同事要到產品資料，可以利用另外一個空檔修飾美化一下產品簡報圖。這個任務變成可以分段的執行，可以跳著採取不同的行動步驟。

這時候，這個擁有子彈行動清單的任務，將會變得更不容易拖延，更有彈性。

第四章

時間掌控權

4-1

為什麼最後事情都卡在一起？ VS 「進攻行事曆」

時間管理的順序

我們前面演練了一個從目標拆解到子彈行動清單的過程，建立起一個克服拖延、相對容易執行，並且執行之後可以創造真正價值的系統。

時間管理的核心，就是完成有價值的事情。所以時間管理的方法，應該優先著重在目標任務的拆解上，而非安排時間，這是一個順序問題。

不過一件事情要執行，還是必須花費一個非常重要的資源，這個資源就是「時間」。於是接下來這個章節的重點，就是我們如何掌控時間這個資源。

但這裡要特別分享的經驗是，我們在時間管理的時候會想要先掌控時間，但這個順序其實很有問題。什麼是先掌控時間呢？就是發生什麼事情，趕快在行動清單、行事曆上面進行時間的安排，很快地把行事曆填滿。很快的把任務安排一個以為自己會這樣去做的提醒時間。

雖然時間管理確實需要掌控時間，但更應該先掌控好有價值的事情。

必須要先做好目標的選擇，讓事情擁有子彈行動力，接下來，我們才會知道時間的資源應該如何安排？以及如何做出最好的時間掌控？這個順序，是時間管理最有效的順序。

「進攻行事曆」，就是時間資源的掌控。

為什麼會遲到？

我常常接收到的另外一個時間管理問題就是：「事情常常卡在一起？沒有時間去做重要的事情？」就算是在忙碌的職場，常常會有很多意外雜事的生活環境當中，有沒有辦法，讓我們自己有效的掌控時間呢？

我們應該先想想，什麼是有效的掌控時間？從一個生活中

很簡單的例子來看，假設現在我有一個 10 點 30 分必須參加的會議，這時候我們應該如何掌控有效的提醒時間呢？

我們一定會把 10 點 30 分的會議安排在行事曆上，這時候如果行事曆 10 點 30 分發出提醒，告訴我們該去開會，我們一定會遲到。所以，我們可能會估算公司到會議現場的時間，或許是 30 分鐘，那我們如果設定一個提前 30 分鐘的 10 點提醒，你覺得這樣會不會遲到？

稍微有時間管理概念的人，都知道這樣也非常容易遲到，因為 10 點的提醒一到，我們可能還沒準備好可以立即出發的會議資料，我們可能前一個工作做到一半需要收尾。我們必須把這樣的準備時間預留下來。所以我們可能設定一個 9 點 30 分的提醒。

這樣一來，9 點 30 分時間一到，我把前一個工作收尾，然後準備好會議資料，說不定 9 點 50 分就可以出發，車程 30 分鐘，我還可以提早在 10 點 20 分到達會議現場，好整以暇的把這件事情完成。

我相信生活中某些重要的小事情，你一定會為自己這樣子預留時間。那麼，現在我們要把這樣的方法，應用在工作上人生中的那些大目標，也應該用這樣的概念來為自己預留時間，而這個方法我稱呼為「進攻行事曆」。

如何安排進攻行事曆的預留時間？

「進攻行事曆」的製作方法是這樣子的。先從一些重要的任務開始，例如某個禮拜六有一個重要的「整日課程」。這時候我需要花多少時間來準備這個課程呢？

當然不是憑空想像，而是前面我們針對重要任務拆解的子彈行動清單。幫助我看到，為了準備這個課程，我可能有十幾個步驟必須要完成。這時候，我預估自己每天如果只要推進其中兩個步驟就好，那麼我就需要預留 5 個工作日給這個任務。

2020 年 12 月（農曆十月～十一月）						
週一	週二	週三	週四	週五	週六	週日
30（十六）	12月1日（十七）	2（十八）	3（十九）	4（二十）	5（廿一）	6（廿二）
7（廿三） 準備課程時間 ↓ 每天推進 兩個行動	8（廿四）	9（廿五）	10（廿六）	11（廿七）	12（廿八） 電腦玩物課程 ↓ 有 10 個子彈 行動清單	13（廿九）
14（三十）	15（十一月）	16（初二）	17（初三）	18（初四）	19（初五）	20（初六）

如果放大到一個長期目標來看，一個長期目標會拆解出幾個階段性成果。例如我要辦一個「數百人大型研討會」。在目標拆解時，設定了幾個階段性成果：

● 完成具備特殊票券設計的報名網頁上架。

● 推出社群上結合特殊票券的宣傳行銷活動。

● 完成設計好現場互動的講義簡報製作。

● 完成針對特殊活動的場地布置與行政庶務。

假設有這幾個階段性成果，每個成果用子彈行動清單，進一步拆解下一步行動。於是可以看到每一個階段性成果底下，有多少個準備行動、多少個子成果必須完成。

假如這個研討會是 12 月 24 號要開始。 他的前一個階段性成果會是行政庶務，他有 10 個子彈行動清單要完成，每天推進兩個，預估大概需要預留 5 個工作日的時間，我就在行事曆上直接畫出行政庶務的進度條。然後依此不斷回推，把每一個階段性成果需要預留的時間資源，用進度條畫在行事曆上。

2020 年 12 月（農曆十月～十一月）						
週一	週二	週三	週四	週五	週六	週日
30（十六） 社群行銷宣傳	12月1日（十七）	2（十八）	3（十九）	4（二十）	5（廿一）	6（廿二）
7（廿三） 準備課程時間 講義簡報製作	8（廿四）	9（廿五）	10（廿六）	11（廿七）	12（廿八） 電腦玩物課程	13（廿九）
14（三十） 講義簡報製作	15（十一月）	16（初二）	17（初三） 行政庶務準備	18（初四）	19（初五）	20（初六）
21（冬至） 行政庶務準備	22（初八）	23（初九）	24（初十） 數百人研討會	25（十一） 行憲紀念日	26（十二）	27（十三）

　　你可以根據自己的工作情況，調配每一天可以容納多少進度條。以我為例，前面有提到如果這個任務拆解出 10 個步驟，通常我會預留 5 個工作日。這個意思就是，我每一天只要能夠推進兩個步驟就好。如果一天推進兩個步驟，這表示一天最少留一個多小時的時間，給這一個重要任務和目標就可以了。

我通常一天最多會排上四個進度條，也就是大約要占用我7個小時的工作時間。但是這樣一來，我還是會有1～2小時空檔，可以處理臨時意外。

好處一：知道什麼時候開始，簡單的開始

還記得我們前面克服拖延環節，提到忙碌也是一種拖延，因為正在拖延著很多應該要開始做的更重要目標。

進攻行事曆的第一個好處，就是可以提醒我們打破這種看似忙碌的拖延。

一個大型的專案，我把階段性成果要預留的時間，都先畫在行事曆上，透過這樣的回推，我就能提前看到哪個時候，要開始推進哪一個階段性成果。

一個 12 月 24 日的大型研討會，我可以看到 10 月就應該推進哪一個階段成果。到了 10 月，雖然手邊還有很多雜事，雖然那個 12 月的目標看起來有點距離，但我知道現在開始，要來推進其中的行動了。

而且，也不是要一口氣把階段成果做好，因為現在時間還很充裕，我只要每天推進兩個跟階段性成果相關的步驟就可以了。

我們都知道，時間管理有一個很經典的「重要與緊急四象限理論」。在四個象限中，有兩種事情叫做「重要又緊急」，以及「重要不緊急」。我們在現實中都知道，必須要去做重要又緊急的事情。因為他非常重要，又非常緊急，快要截止了，

我當然「不得不」去做他。

但是，如果我們的「重要又緊急」的事情越多，換句話說，我們可以掌控的時間彈性就愈少，所有的事情都是不得不去做。這時候，我們更沒有辦法應付意外，因為沒有什麼事情是可以拖延的。

問題是，為什麼這些事情會變成「重要又緊急」呢？很多的時候是因為，當事情還在「重要不緊急」的時候，我沒有先推進一些步驟。所以事情就會慢慢從重要不緊急，進入到重要又緊急的象限。

當然，我必須老實說，一個人很難完美的提早把事情完成。我們也不是要在時間管理要求自己把事情提早完成。但是，我們可以做到的是在這件事情還是「重要不緊急」的時候，推進一些步驟。

好處二：避免自己作繭自縛

進攻行事曆的第二個好處更加關鍵。前面提到，我對進攻行事曆的預設是一個進度條表示今天必須推進這個目標的兩個

步驟，大約是一到兩個小時的時間。我最多會在行事曆上一天排上四個進度。因為這樣可能已經 6 到 7 個小時的工作時間，但起碼我還可以留下兩、三個小時，是可以安插其他意外事情。（要注意！這樣的估算因人而異，你應該根據你的實際情況來預估。）

有了這樣的基本預設之後，假設現在有一個人要跟我邀約下個月第二個禮拜二的整天課程。或者客戶問我那禮拜哪一天適合安排半天會議。或者同事、主管問我那個禮拜二可不可以安插一個新任務。

當我沒有進攻行事曆的時候，我打開行事曆，發現這一天沒有安插什麼特別的事情，因為通常我們只會把明確的會議，或者一些重要的任務截止時間，寫在行事曆上面。於是我就答應了這個邀約。

但是你有沒有遇過這樣的情況，常常到了那一個禮拜二，自己覺得非常後悔，因為那時更接近目標完成時間，我發現自己必須去推進重要目標的某些步驟，但是卻因為之前自己答應了一個整日課程、活動，導致自己今天的時間變少了。

這樣的例子，不知不覺得把我們自己的時間資源搞得亂七八糟，把應該要留給重要專案的時間資源，沒有意識到的讓給其他新任務，讓所有的事情都擠在一起。

　　但是如果已經有進攻行事曆的時候，事情可能就不一樣，可以很大幅度預防這樣的事情發生，因為我們已經先為那些重要目標預留好要執行的準備時間。可以預先看出下個月的第二個禮拜二，我可能有三個目標進度條必須要推進。

　　這個意思是每個目標推進兩步驟，可能這一天我必須要預留 6 個小時的時間，去推進這些目標。所以我無法答應一整天的課程，如果是新的任務要評估可否半天完成，否則最好事先改期。

2020 年 12 月（農曆十月～十一月）						
週一	週二	週三	週四	週五	週六	週日
30（十六） 社群行銷宣傳	12月1日（十七） 新書草稿進度	2（十八）	3（十九）	4（二十）	5（廿一）	6（廿二）
7（廿三） 準備課程時間 講義簡報製作	8（廿四） 新書草稿進度	9（廿五）	10（廿六）	11（廿七）	12（廿八） 電腦玩物課程	13（廿九）
14（三十） 新書草稿進度 講義簡報製作	15（十一月）	16（初二）	17（初三） 行政庶務準備	18（初四）	19（初五）	20（初六）
21（冬至） 新書潤稿進度 行政庶務準備	22（初八）	23（初九）	24（初十） 數百人研討會	25（十一） 行憲紀念日	26（十二）	27（十三）

進攻型行事曆的簡單練習：無法完美，但有效

你說難道只要把目標的準備時間，預留在進攻行事曆，我的事情最後就絕對不會卡在一起嗎？就絕對不會有任何的變動嗎？當然這是沒辦法 100% 完美的！一定還是會有一些必須變動的時間。

但是我們可以從幾個角度，來看待變動的問題。

第一種變動，是工作一定會有很多意外臨時的雜事。所以在進攻行事曆，畫上四個進度條後，我還有一兩個小時的空檔還可以來處理這些雜事。進攻行事曆反過來讓自己的時間會有空檔。

進攻行事曆的進度條，不代表今天都要做這件事情，而是我知道今天只要做一兩個步驟就能完成那個目標的現階段進度，我還有時間去安插其他臨時的意外，反而更加不焦慮。

第二種變動，不是臨時的小雜事，而是直接插入了一個兩三天的大型任務進來。同樣的，如果我有進攻行事曆，我會知道應該如何重新調整自己的時間，我會知道還有哪些地方可以移動時間。

進攻行事曆，讓自己對於需要的時間資源，有更明確的認識，要調整也才知道怎麼調整。

別忘了，進攻型行事曆幫助我們提早開始做準備，而且是簡單的做準備，因為只要推進目標的這個階段性成果的一兩個步驟就好。

這個意思是，如果真的萬不得已插入了很重要的新任務，但是我們也相對不用那麼焦慮，因為這時候，我可能只是損失3天6個小步驟的進度條，頂多6個小時的執行時間而已。如果真的要重新找到時間來填補，這樣子的損失還是容易補上的。

如果把任務擠壓到最後，需要一整天完整時間來拼命執行他，如果那一天要插入什麼意外，我們就會覺得非常的痛苦，因為我只剩那一天的時間。

但進攻行事曆，其實是幫我們超前部署、分散風險，不是要所有的預排都能做到，而是就算變動，這時候風險也是最小的，還有可以應付額外變動的餘裕。

4-2

當時間不知不覺流逝怎麼辦？ VS 「神聖時間」

下面是兩位世界知名人物的生活作息表。 不知道你可以從這份生活作息表看出， 這些有成就的人物，如何進行時間資源的掌控呢？

康德	村上春樹
5:00 起床，喝兩杯茶，開始寫作或者備課。	4:00 起床，梳洗整理。
7:00-11:00 授課。	5:00-11:00 寫作。
11:00-12:00 繼續寫作。	11:00-12:00 午餐。
12:00 午餐，交談。	下午時間：慢跑或游泳。
午餐後：散步，然後找朋友聊天。	21:00 睡覺。
回家後：繼續閱讀和寫作	

很多人第一時間看到的，都是這些人非常的早起、這些人給自己很多休閒時間、這些人的作息很規律等等，這些都是重點沒有錯，但其實還有一個更關鍵，但也更簡單的重點。

那就是，當村上春樹成為一個世界知名小說家的時候，他每天花了非常多的時間在寫作。康德成為世界知名哲學家的時候，他每天花了很多的時間在撰寫他的著作。

即使是這些天才有成就的人物，他們的時間管理邏輯還是一樣的，那就是要有生產力，說穿了很簡單：保留時間給有價值的事情。

保留時間給有價值的事情，其實並不難

就算是村上春樹跟康德，如果他們沒有保留時間給自己確認有價值的事情，那麼哲學理論也是研究不出來，小說也是寫不出來的。

要完成什麼事情，我們必須先保留時間給他。 而且，這個要保留的時間，其實不一定有我們想像的那麼久。

前面的進攻型行事曆，我們只是在每天保留一兩個小時的進度條，去推進一下某個重要目標的步驟。 對康德和村上春樹來講，可能就是每天保留六、七個小時給他們最看重的那件事情，而其他時間他們還是可以充分的休閒，還是可以充份的去做其他也想做的事情。

關鍵就是，我們必須要懂得先為自己安排時間，先為自己預留時間。

因為，如果我們不會自己安排時間，別人會非常想要幫我們安排。我們不可能完全不管別人安排，但如果我們完全依照別人安排，最後的行事曆就會變成是一個事情都卡在一起的行事曆。

我不能覺得只要是忙碌，就是好的時間管理。

在實際執行時，當然一定會有變動，但只要我們能夠掌握戰略的視野。 那麼我們就更能夠應付這些變動。

神聖時間的簡單練習：每天留給人生目標的時間

接著我們可以試試看，從要規劃好幾個月的進攻行事曆，落實到每一天要預留多少時間，給自己人生重要目標。我稱呼

這個方法為：「神聖時間」。

例如我想要持續的分享部落格文章，這對我來說是人生重要目標。但是他有一個非常明確的截止時間嗎？某些系列文章可能有截止時間，但對這個目標來說，其實並沒有所謂的截止時間，只是必須要持續做而已。

那麼或許這類型的目標，我們可以從每天的「神聖時間」的角度，去把這些事情的時間也預留下來。

當然，我也沒辦法像村上春樹一樣預留每天 6 個小時持續寫作。畢竟我有很多斜槓的工作。那預留兩到三個小時可不可以呢？

每一天給自己設定一個時間，到了那個時間，就必須要推進寫部落格文章這一個目標。這段時間就是神聖時間。

這樣累積下來，就算不能每天寫出一篇文章，或許兩三天也就會有一篇深入完整文章的產量。

我自己的實際經驗是這樣子的。當我還沒有結婚組成家庭的時候，我會預留的神聖時間是每天晚上 9 點到 12 點。那時候晚上我不接任何邀約講座，每到晚上 8 點多我就準備回家，晚

上 9 點到 12 點只投入做一件重要的事情，就是開始進行文章的寫作。

後來我結婚組成家庭，我沒辦法再利用晚上 9 點到 12 點，我就改成早上 5 點到 7 點，時間縮短了，但我是一個早起的人，所以我可以利用 5 點到 7 點只有我一個人的時間來推進目標。時間變少，但每天只要能夠預留時間，持續累積，還是可以保持好的文章的產量跟品質。

3 年前，我的小朋友誕生了。小朋友常常在 5 點多就醒過來，我必須要照顧他。這時候，我同樣繼續思考，那麼神聖時間要怎麼保護呢？從那時候開始，我把每天的神聖時間設定為「所有通勤時間、零碎時間」。

這些零碎時間，可能每次只是半個小時到一個小時，但我把他們全部設定為我的神聖時間，只用來推進部落格文章的神聖時間。

所以現在雖然文章產量沒辦法再像多年前那麼的多，但依然可以維持自己認可的文章產量跟品質。

最重要的是，讓這個目標還是可以在這樣的時間變動下，依然持續的推進。最關鍵的就是我們必須要把時間保留下來，要不然，沒有事情可以被往前推進。

4-3

我怎麼知道自己需要多少時間？ VS 「效率數據化」

前面說明了如何對時間重新奪回掌控權，但是無論是安排進攻行事曆，還是要預留神聖時間，這時候會有一個關鍵的問題：「到底要留下多少時間才夠？」

很多聽完我分享上述方法的朋友，都會接著問我：「你怎麼知道這個目標做兩個步驟的時間，是一個多小時到兩個小時呢？你怎麼知道每天留給寫文章的神聖時間，需要兩到三個小時呢？」

我要怎麼知道自己要預留多少時間才夠？我們需要「把效率數據化」，在這裡我從兩個方法來解答這個問題。

第一個方法：把工作量化成步驟

我們前面第三章節講到「子彈行動清單」，拆解行動清單除了可以幫助我們相對不容易拖延，其實拆解成行動清單，還有一個好處，那就可以把這一個任務量化。

要做一個簡報，無論是從規劃的時候就可以拆解出行動清單，還是某一次做簡報的時候去記錄自己到底做了哪些關鍵步驟，無論如何，當能夠把這個步驟記錄下來，我就可以更加明確的看到一個模糊的簡報任務，原來需要 7 個主要步驟。

這時候，比起一個模糊的製作產品簡報任務，我會更容易知道 7 個步驟，到底應該預留多少的時間。

不一定是要非常精確的去估算每一個步驟到底要多少時間。既然他已經轉化成一個一個步驟了，起碼一個步驟不會是一整天要完成。這個步驟因為已經很具體，就相對容易看出是不是一兩個小時之內完成沒問題。

那麼，當我們可以把工作量化成步驟的時候，我們就完成第一階段的效率數據化。

第二個方法：用一個計時器精算

是的，就是這麼簡單。如果我們不知道自己完成一個任務需要多少時間，那要怎麼知道？不就是實際計算看看嗎？就像計算跑步時間、計算體重一樣，實際算算看，自然就知道。

其實很多以工作時間來計算自己收入的人，可能對於一個任務需要多少時間，會有更明確的掌握。例如他是一個接案工作者，要跟客戶報價這個案子需要多少金額，一個考量的重點，就是製作這個案子需要花掉多少的時間？為了更明確的掌握這一個數據，這些接案工作者就會用一個計時器，實際來計算自己從頭到尾完成這個任務，所有步驟總合起來，花費多少的工作時間。

因為一個需要 5 個小時完成的案子，跟一個需要 10 個小時完成的案子，報價是不會一樣的。

如果我們是一般的工作者，我們也可以用這樣的概念來精算自己執行那些重要任務的時間。方法並不難，找一個計時器的工具，甚至就是手機的碼錶鬧鐘都可以。

方法就是你執行任務的時候，按下計時器。當暫停這個任

務的時候，也暫停這個計時器，可以先把這一段時間記錄下來。這個任務有可能會是分段執行的，每一段都要計時，最後把他們加總在一起，我就可以看出原來我做一份產品簡報，用了七個步驟，最後總和大約 3 個小時的工作時間。我寫一篇文章拆解成五、六個步驟，最後總和是 2 個半小時的工作時間。

持續追蹤記錄，但也不需要太久，大概這樣紀錄幾個禮拜到一個月。通常我們日常工作生活中常常碰到的任務，大概也就跑過一遍。這時候，其實我們就可以很快的建立起那些常見任務需要多少時間的基本概念，而且不是憑空想像的，是有實際的數據可以依據！

這時候，我們就有兩個角度來進一步的優化他。

第一個角度是我後面會提到的，繼續改進我的流程，讓我需要花費的時間變得更少。

第二個角度，則是當我要開始排進攻行事曆，或者每天的神聖時間，我會知道到底應該要預留多少時間才夠。

這個問題的答案，每一個不同型態的工作者會有不同的答案，重點不是要問出統一的答案，重點是不要憑空想像，而是不如我們實際的計算看看，自然就會找到這個問題的解答。

4-4

累了、卡關、壓力大時怎麼辦？ VS 「積極休息法」

很多讀者對於進攻型行事曆和神聖時間的另外一個疑惑，就是看起來好像我的工作生活中排滿了目標，這樣一來，難道我們不需要一些放鬆、休息的時間嗎？

如果大多數的時間都在推進目標的話，人生不會更加疲累嗎？

或者有時候一些事情做到一半，可能因為太困難了，很快的感到疲累。或者做到卡關的地方，士氣也會開始下降，壓力開始提升，可能開始又拖延這件事情。

這些時候，如果已經預排好了進攻型行事曆和神聖時間。是不是就要逼自己去做呢？當然並非如此。

我們在最一開始已經說過，時間管理就是要設計一個可以

應付變動的計劃，而不是設計一個絕對不會變動的計畫。

累了，不一定是要休息

這時我們可以試試看「積極休息法」。

這個方法來來自於一個稱呼為「莫法特的休息方法」。

據說新約聖經的翻譯者莫法特，在工作的時候會準備三張書桌，第一張書桌上擺著他的聖經翻譯本，第二張書桌上擺著他正在寫的論文原稿，第三張書桌上是他正在撰寫的偵探小說。

莫法特的工作方法就是，當他翻譯聖經累了，他就到第二張書桌來寫論文，如果累了就到第三章書桌來寫小說。

莫法特休息法，是說當我們累的時候，不一定是要停止工作來休息，這時候我們其實大腦還很活躍，只是在一件事情上疲勞了，所以我可以切換不同的工作，尤其可以切換不同的思考主題，其實是對大腦更好的積極休息。

這時候大腦因為思考不同主題，而將前一個主題的壓力放鬆下來，補回剛剛的精神力量，在這樣切換不同工作節奏的時候，重新找回動力。

有時候我們是生理上需要休息，例如睡眠不足的時候，那麼最好能夠好好去睡一覺，但更多時候我們感覺累了，其實是精神上需要保持新的熱情跟刺激。

我們以前直接以為自己累了就跑去放鬆休息，很有可能是搞錯了一件事情，那就是我們並不是身體上的疲累。我們只是腦袋需要切換思考。如果這時候的休息，是跑去放鬆玩樂，可能要回到工作上的時候，反而更缺乏動力回到工作上。

卡關的時候，推進另一個目標

有時候當事情卡關，如果一直停留在原地，說不定會浪費更多的時間。當我正在想一個企劃案。想到一半突然卡住了，不知道應該如何解決下一步。這時候我會陷入困境，很想要立刻把這個問題解決，於是就卡在那邊東改西改，多花了一個小時，但其實並沒有真正推進什麼進度，因為想法已經卡關了。

　　甚至，更有可能在卡關的這段時間，會因為想要放鬆，跑去看個臉書上上網。結果也一樣，沒有完成什麼事情，而原本卡關的地方還在，但時間已經不見了。

　　這時候，其實也可以試試看「積極休息法」。

　　如果任務卡關，不如當機立斷，試試看先推進其他目標任務的行動。說不定別的任務推進了一兩個步驟之後，忽然對剛才卡關的目標又有想法了，那就再回到原本的事情上繼續推進。

這也是我設計進攻型行事曆的技巧，每天都只推進某個目標的兩個步驟，但一天可以推進三四個目標。 我們其實可以同時推進多個目標，同時解決多個問題，而且這還可以幫助我們在卡關時，有切換的好選擇。

　　事實上這也是符合科學根據的，大腦打結的時候，當下硬去想打結的地方，只會陷入鑽牛角尖的困境。當我們已經知道自己思緒在哪裡卡關的時候，我們應該切換到另外一件事情上，這時候原本那件事情的想法，可能會在潛意識裡面運作，然後忽然帶給我們一些需要的靈感刺激。

壓力大的時候，用推進目標重建信心

　　有時候壓力很大，我們確實需要喘口氣，轉換一下心情。只不過轉換心情的方法，往往不是我們原本使用的打發時間方法。

　　什麼是打發時間呢？就是這件事情沒有目標、沒有成果，單純是在花時間，最後可能兩三個小時過去了，我們好像是休息，但因為只是在打發時間，最後會覺得剛剛過得很空虛，沒有獲得實質回饋。

**　　當覺得壓力大，面對自我懷疑，不確定自己可不可以做到的時候，最好的心情轉換是什麼呢？不是放鬆，而是重新建立信心。**

　　但是我們如何讓自己獲得重新建立信心的成果呢？這時候其實可以去做另外一件需要專注，有一點點不一樣壓力的事情。如果我們可以把這件事情完成，我們返回原本那件壓力大的事情時，就比較容易重新建立信心。

　　我自己也會常常使用這樣子的轉換技巧，例如當我寫書寫到一半，突然覺得壓力很大，不確定接下來自己是不是能夠很好把這件事情完成。這時候我會去挑一個目前即將完成的部落格文章任務，好好把這篇文章寫完。

　　雖然都是有壓力的寫文章，但因為是不同的主題，並且一個是工作，一個對我來說比較是個人實現。這時候，如果我可以轉換到另外一件事情上專注，把這件寫部落格文章的任務完成，往往我會重新建立寫書的信心，可以重新回頭繼續推進寫書這個目標。

　　也不一定就是要再去做另外一件工作類的事情。例如我可以利用這個時間去幫小孩組裝樂高積木，或者進行一個有點強度的跑步騎車運動，或者完整的看一部有深度的電影。

關鍵就是當壓力大的時候，我們確實需要暫時離開那件讓自己喘不過氣的事情，但是這時候，我們需要的並不是打發時間的休息，而是另外一件同樣有強度的事情，同樣需要我們專注的事情，但是他可以幫助我們獲得另外一個成果，重新建立我們的信心。

　　這件事情可以是另外一個工作，這件事情可以是有強度有深度的休閒，這就是克服壓力的積極休息法。

4-5
工作常常被打斷 VS 「快速心流」
怎麼辦？

進入心流，需要完整不被打斷的長時間嗎？

　　還有一個我常常被問到的問題，那就是如果工作常常被打斷。而很多工作需要長時間的專注，有時候才剛剛進入工作的心流，就被打斷工作。等到要回到原本工作上的時候，又已經失去了動力，或者要再花同樣多的時間，再次進入心流的狀態。

　　這樣一來，是不是就會有很多時間被浪費掉了呢？

　　所謂「心流」，意思是我們可以把注意力集中在某一件事情上，專注在事情本身。 這時候意識會進入一個最有秩序、最有效率的狀態。同樣的工作成果也會提升。

我們當然都想要進入心流，不過在一般的想法裡面，會覺得那麼是不是需要為自己留下完整足夠的工作時間，才能讓自己進入心流？有更多的時間停留在心流，才能把事情好好完成？

理想的狀態是這樣沒有錯，如果我可以有一個完整的三個小時來寫一篇文章，那麼我或許可以進入心流狀態，並且維持很長一段時間，把這件事情一鼓作氣的完成。

只是這樣的想法，會面臨兩個現實的考驗。

第一個考驗就是前面很多朋友會問到的：工作常常會被打斷的問題。這是一個現實的問題，尤其我們在職場與家庭裡面，都免不了會被打斷的工作狀態。這時候，我們是要堅持自己一定非要有三、四個小時的完整時間才能進入心流狀態，才能完成工作？還是我們必須想一個工作方式，可以適應這種必須被打斷，一定會分段完成的工作呢？

第二個現實的問題，是真的完整三個小時的專注時間，我就可以進入心流，把這件事情充分的完成嗎？或許真實的情況往往並非如此。

當我們真的有三個小時的完整工作時間，我們有可能在第一個小時很容易鬆懈，因為覺得時間還很充足。我們可能會開

始東想西想、東摸西摸。 於是其實進入心流的時間，反而因此被拉長了。

接下來當我們開始真的投注在工作上的時候，還是會遇到一些卡關的事情，不一定是你的工作被打斷，而是這件事情解決到一半，忽然發現解決不下去了，忽然出現新問題點。這時候一樣有可能會讓我們脫離心流的狀態。

但這時候，我發現還剩下一個小時的時間，我們就在那邊堅持，在那邊膠著，反而陷入了一個焦慮狀態。

最後，這三個小時裡面，真正在心流的時間，可能只有不到一個小時，甚至只有半個小時。這才是真正現實的問題。

設計你的工作，讓工作可以被打斷

所以，我們應該要把工作方式設計成「可以被打斷」的工作流程，什麼是可以被打斷的工作流程呢？就是讓工作本身拆解成行動清單。

也就是我們前面一個章節講述的子彈行動清單的做法，這個做法的好處真的很多，一方面他幫助我們克服拖延，隨時可

以推進任務。另外一方面在進攻型行事曆的時候，幫助我們相對準確的估算時間。

而在這裡有第三個好處。 就是它可以幫助我們不怕工作被打斷。

我為什麼那麼害怕一件事情被打斷呢？ 因為我當我正在做一份簡報，做到一半突然被打斷，下次我的思緒都斷掉了，我的大綱寫到一半、我的版面設計到一半。我下次要再回到這個工作，需要花更多時間，整理前面完成的進度，才知道接下來應該做什麼事情。 這是沒有拆解工作行動清單的缺點。

但是如果我們可以像前面的例子一樣，把這個任務分解成子彈行動清單，分段完成呢？或許當我製作簡報的時候，先做第一個準確的步驟，就是先把版面設定好，然後做第二個步驟，把大綱的文字草稿建立起來。這時候，我忽然被打斷了，但沒有關係，等到我下次回來時，我知道我已經做完前面兩步驟，接下來需要做的第三個步驟是開始設計每頁的 動畫畫面。

為任務拆解出子彈行動清單，因為任務本身已經被我拆解成一個一個步驟。所以我每做一個步驟，就打個勾。

這樣一來任何時候被打斷，我會知道接下來下一個可以進行的步驟是什麼？以及前面做完了什麼

步驟任務？不再是一個模糊成一團的任務。

拆解成行動清單的工作，更容易進入心流

我在執行這個任務的時候，如果可以分段成行動清單，我就會更具體逐步推進這個任務的一個一個階段性成果，而不是東做一點、西做一點，但完成的進度成果其實不明確。

例如製作簡報，沒有明確行動清單時，我可能做一點點板型，想一點點大綱，設計一兩頁動畫，找了一兩個案例。這時候被打斷，下一次要再回來接續，我就要在很多個不同的進度中，去思考前面完成的部分，跟接下來要做的事情。

但如果反過來，我們可以分成行動清單，那麼每一個行動都是在完成一個屬於任務的小小階段性成果。 這樣的進度追蹤更加明確具體。

我集中火力先把版型完成，再集中火力把大綱完成。這時候就算被打斷了，但我已經具體完成兩個小小階段性成果，下一次我會更明確的知道，應該推進其他的哪些階段性成果，這個就是 混亂的做事情，跟分成很多個小行動、小進度去做事情

的明確差別。

可以分段成行動進單，其實可以幫助我們更快的進入心流。為什麼一個任務沒有進入心流，常常會覺得要花很多時間進入心流呢？

因為如果一個任務，我不知道他明確的步驟是什麼，不知道怎麼開始，不知道這個步驟的下一個步驟是什麼，腦袋會一直在煩惱，一直在焦慮，一直在思考，一直在做確認，這時候我們大腦負擔很多決策選擇。 大腦特別容易疲勞、容易混亂。於是，我反而需要花更多的時間去進入心流。

我來複習一下，什麼叫做心流？把注意力集中在一件事情上，專注在這件事情本身。

如果這個任務我可以拆解出行動清單，我看到非常明確的步驟。那我的注意力就可以非常專注在下一個步驟就好。

還有什麼沒做？還有什麼要做？不是現在大腦需要煩惱的，因為反正他都已經在行動清單上了，我不需要去擔心他，我只要專注在下一個步驟，把他專注的完成，那麼我就會知道

這個任務完成一些成果。

當你可以拆解出步驟行動清單，你會發現進入心流變成一個更簡單的事情。

快速心流的簡單練習，與番茄鐘工作法

這幾年很流行的工作專注方法，還有一種叫做番茄鐘工作法，或者番茄時間法。

他的基本規則是人的專注力無法維持太久，所以我們利用短時間的專注，然後立刻休息，讓自己更快的再回到專注的狀態，這樣反而可以讓自己更容易維持更長時間的專注。

我們先設定一個鬧鐘短期專注 25 分鐘，集中在工作上，接下來休息 5 分鐘，這樣就完成了一個番茄鐘循環。當我可以重複 4 個番茄鐘後，我可以給自己一個比較長的 15 到 30 分鐘的休息。

番茄鐘工作法有些人覺得好像沒用，其中一個關鍵的原因就在於，短時間專注 25 分鐘，雖然看起來是可以讓專注變得更簡單，但關鍵是什麼工作是 25 分鐘之內可以完成的呢？很多事

情明明就是要花好幾個小時才能做完？這時候硬要我們分段衝刺 25 分鐘，會不會反而更不合理呢？

我對這個方法的想法是，當然那個 25 分鐘、5 分鐘的時間限制，可以根據我們需要調整，但是短時間專注的技巧，是有效的，因為這就是一個子彈行動清單的工作方法。

尤其是很困難的任務，我們一樣可以把拆解成行動清單，而且這時候困難的任務會變得簡單，變得更容易專注，變得更快速進入心流，而且變得更不害怕被打斷。

如果就像前面講的，每一個任務分解成子彈行動清單，那麼自然每個步驟，就是可以在短時間專注內完成的。那這時候搭配番茄鐘工作法，我們反而可以調配專注的速度跟節奏。

這時候，不是害怕被打斷工作，而是我們刻意打斷自己的工作。因為我們知道，維持長時間專注，其實沒辦法一直維持高檔的專注力。反而是短時間專注的節奏跟頻率，可以讓我們在每一段專注衝刺，都維持一個最高檔的心流。而最高檔的專注力，才會有最大的產出。

有沒有可能當我們能夠練習子彈行動清單的方法之後，我們反而不是害怕被打斷工作，而是樂於分段自己的工作呢？

第五章

效率改進法

5-1

臨時雜事太多打亂計畫？ VS 「金字塔收集箱」

到了目前這個章節，我們完成了目標現實化拆解、子彈行動清單，也練習如何掌控時間。 基本上這三個流程，就是時間管理的基本架構。

接下來我們要探索的，是時間管理的效率提升問題。 如果我們做事情的效率可以提升，那麼或許就可以更輕鬆自如的應付那些臨時的大量雜事，因為我們可以用更節省時間的方式來處理他。

不過這裡有一個核心的重點，就是提升工作效率，在時間管理的目標拆解完成後才有意義。

如果我們只提升工作效率，但是前面時間管理的目標選擇、子彈行動清單、時間掌控權沒有建立起來，很有可能我們提升

效率的對象，都是在那些次要的事情。這樣子一來，即使效率提升，卻沒有辦法為你的工作和生活帶來最大的價值。

所以，一直到這本書的這一個章節，我們才開始討論如何改進效率的問題。

接下來我們想要解決的問題，也是很多朋友在時間管理上面的困擾。 那就是平常工作上的事情太多，臨時雜事太多。 這麼多的雜事常常讓自己不知道應該如何管理，甚至會打亂原本做好的目標計畫。

這個問題是個大問題，而接下來，我要從雜事如何整理的角度，先進行初步的解決。

反思 GTD 與子彈筆記

我們應該如何整理每天工作生活中，雪片般飛來的各式各樣雜事呢？我想先從兩個時間管理的經典方法討論起。這兩個方法分別是「GTD」時間管理方法，跟這幾年非常風行的「子彈筆記術」。

在 GTD 時間管理方法中有一個非常經典的理論，就是建

立一個清空大腦的收集箱。 這個方法非常有效果，對我自己的時間管理方法影響也非常的深遠。

不過我發現，很多時候我們在實踐 GTD 收集箱的時候，很容易這個收集箱最後變成一個雜事的收集箱。我們可以比較簡單做到的第一步，就是把所有大腦想到的、別人交派給我的雜事，第一時間快速記錄下來，放進收集箱。 但是記下來很容易，等到安排待辦清單的時候，卻不知道如何驅動這個收集箱裡面大量的雜事，最後又會陷入只是在排一個很容易拖延的待辦清單的問題。

而子彈筆記方法，設計了一個非常有效率的每日行動清單管理方式。 子彈筆記方法也很強調一開始應該要有一個「心理盤點清單」，意思是要有一個過濾機制，什麼事情重要到我必須真的排上每日行動清單去執行，才把事情放進每天的行動清單。

但是有很多朋友實踐子彈行動清單的方法之後，久了會發現好像又回到原本的單純列出每日行動清單，依然覺得壓力很大，事情很多。

如果來反思這兩個經典方法裡面的收集箱、心理盤點清單的技巧，其實有一個關鍵的問題還沒有被解決，那就是：

我們放進收集箱裡面的雜事，以及我們心理盤點
清單中的待辦事項，到底跟我們的哪些目標有所
關聯？

如果我們只是運用收集箱或心理盤點清單來列出每日行動
清單的話，那麼我們可能只是在管理每天必須要做的雜事，卻
缺少了雜事背後那一個「目標整理」的視野。

在待辦事項層管理的問題

那麼我們到底應該如何整理每天雜七雜八的事情比較好
呢？ 其實前面 GTD 和子彈筆記的方法也沒錯，只是流程的順
序可以調整一下，那些搞得我們一個頭兩個大的雜事問題，就
可以很大幅度的解決。

我建議的雜事管理流程如下：

● 建立一個金字塔型的收集箱

● 以目標專案當作整理的核心

● 雜事不應該第一時間丟進收集箱或待辦清單

● 而是應該放入已經建立的目標系統裡面去整理

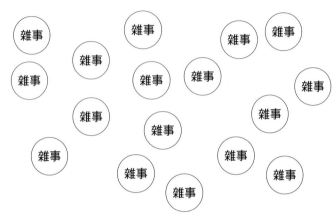

↑ 單純雜事都丟進來的收集箱，只能拚命去做。

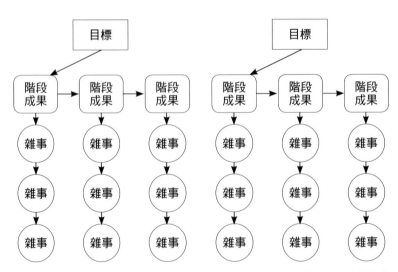

↑ 用目標系統整理過的金字塔收集箱，根據目標、階段成果決定順序，清楚知道
　下一步雜事是什麼。

為什麼這樣說呢？因為如果我們只有一個一般收集箱，跟每天把事情丟上去的待辦清單。這時候當出現很多雜事，我們就只能夠直接 把他們寫進去，這樣雖然是記住了，但卻是處在一個混亂的狀態。

例如我正在製作一本書籍產品，正在專注執行文稿編輯工作，但作者臨時跟我說，希望修改他的銀行匯款帳號。行銷人員跑來跟我說，希望封面上可以製作一個連結行銷活動的 QR Code。 接著主管跑來跟我說，希望能夠做一個特殊的折價券放在書裡面。

這些事情是雜事，但是也確實都跟這本書有關。如果我把這些雜事都直接放入每一天的待辦清單，他會發生什麼事情呢？我就會覺得怎麼每一天的事情一直增加，變得很焦慮，覺得這些意料之外的事情，開始拖慢我原本排好的工作計畫。

這也是我們常常對雜事的感覺，但是記錄下來了，不處理又能怎麼辦呢？

可是如果我們從一個目標專案的視野來看，我們確實需要做這些雜事，可是我們會發現，在專案的流程當中，修改作者的銀行帳號可以等到書籍製作完成，要付版稅之前處理就好了。要在封面加上一個行銷活動 QR Code，可以等到封面即將完成的最後階段處理也來得及。在書裡插入一個折價券，我可以等

到書籍都編輯完成了，要送印刷之前再把折價卷做好，並且那時候更知道應該擺放在什麼位置。

這就是我前面說的：雜事不應該第一時間丟進收集箱或待辦清單，而是應該放入已經建立的目標系統裡面去整理。用待辦清單的概念來處理雜事，還是用目標專案的流程來整理雜事，會產生決定性的效率差別。

如果用待辦清單收集、處理雜事，會帶來幾個壞處：

第一個壞處，很多不需要當下做的雜事，我們會變成當下去做，可是一旦當下立刻就去做，反而會打亂我們的計劃與工作節奏。

第二個壞處，如果雜事沒有放進流程去做，而是立刻當下去做，可能之後要花更多時間回頭修改。因為在一個目標專案裡面，每件事情會有前後順序。如果現在就先把老闆要的折價券做好，說不定等到我書籍編輯完成之後，發現折價券的格式不適合擺進最後編輯完成的文稿，我就變成又要另外再花時間去修正那張折價券。

第三個壞處，這是最大的壞處，如果我們的收集箱、每日

待辦清單，從來沒有目標專案的視野，他人丟給我們一件事情就去做，自己腦袋中想到可以做什麼事情就排入待辦清單，這時候會變成每件事情都是分散的，就算那些事情完成了，但是他們背後創造的成果沒有辦法向目標一樣連結在一起。

雜事沒有整理好，這就好像我們很花力氣，但是我們走的是一個不斷來來回回、不斷回頭繞圈的路線。永遠沒辦法更接近那個最終的目的地。

用金字塔收集箱來整理

所以我建議要建立一個金字塔收集箱。

金字塔收集箱就是以目標為整理核心的收集方式，這本書前面的流程裡，我們把目標拆解出來，於是有了目標願景與階段成果，可能會有很多個階段性的成果，然後我們會每一個階段性成果分析出他們可以做的子彈行動清單。

當做好一個這樣的目標流程拆解，其實就建立了一個雜事整理的金字塔邏輯。

接下來每一天出現雜事，比如說老闆希望在書裡面做一張

折價券，這時候就要去思考這件事跟哪一個專案有關？我們知道他跟某本書的專案有關。接著跟哪一個階段性成果有關？我們知道他跟書籍文稿排版這一個階段成果有關。那麼，在這一個成果的行動清單裡面，剛才那件雜事要放進行動清單的哪一個步驟後面最好呢？

這時候我就知道，這件雜事不用急著做，並且知道可以在哪個步驟完成後再做即可。而且因為已經放入目標流程裡，到時候做到那個步驟，自然會確認道必須採取這個行動。

金字塔收集箱，幫助我們在處理雜事時，知道可以哪個步驟之後再做，而且可能那個步驟之後再做更好更省事，並且不怕忘記。

這就是一個金字塔收集箱，幫助我們不要每一件出現的雜事都想要立刻排入每日待辦清單，因為那不是最好的處理方式，也避免雜事直接丟在收集箱裡面亂成一團。

之所以稱呼他為金字塔型的收集箱，是因為我們要處理的雜事確實非常多，可是如果往上一層聚焦，我們會知道哪些雜事跟哪一個階段性成果有關。階段性成果的數量會少很多，而不同的階段性成果背後，有一個共同想要達到的目標，如果把不同的階段性成果再去跟他們背後的目標連結在一起，我就可以找到那個「金字塔頂點的目標」。

如果我們的管理視野，是在金字塔最底層的一大堆雜事跟行動，想在這麼多事情中去安排今天到底要做什麼？明天到底要做什麼？新出現的雜事什麼時候做？那麼一定會耗費非常非常多的心力，因為最底層是最混亂的狀態。

但是如果我們的整理可以反過來做，我們從金字塔的頂點，目標的視野，由上而下的去進行整理，一件事情丟出來，我們就從目標的視野看他應該放在這個目標的哪一個流程。那麼我們的收集就可以建立一個循序漸進的流程，知道什麼時候該做什麼的。這樣會比單純的收集箱，或者是事情拼命的丟進每日待辦清單，要提升非常多的效率。

金字塔收集箱的簡單演練：三種雜事收集法

是的，如果你仔細想想，就會知道這個方法並不困難。說真的，其實非常簡單，就是以目標為角度，來進行雜事的收集跟排序。

但就是這麼簡單的步驟，大多數朋友在時間管理的時候忽略去做，導致最後我們被雜事所困擾，覺得臨時的雜事太多，

但往往大多數的雜事並非如此。

進一步最佳化這個流程，可以把收集箱分成三大類：

● 目標金字塔收集箱

● 一定要做雜事收集箱

● 其他雜事收集箱

每一次雜事（包含我們自己想做的事）出現的時候，先不要馬上去做，想想他可以放進目前目標的哪一個流程當中，然後排入目標金字塔收集箱的流程中。

也確實會有一些額外的雜事，沒辦法放棄，但也無法放入目前的目標金字塔收中，那就把它放進另外一個「一定要做雜事收集箱」。例如主管非常強烈要求的一個公司新任務，例如家人朋友非常強烈期待而我也想要回應期待的某件事。

但是請務必確認，這件雜事（別人希望我做、我想去做），是真正一定要做。

那麼我們還剩下一種雜事，這件雜事沒有非做不可的理由，而且也沒辦法放進目前已經建立的目標金字塔當中。這就是真正額外的雜事，千萬不要立刻去做。

做好上述三個收集箱的分類，我們就能帶來時間管理四種效率的提升：

第一個效率的提升，我們將會擁有一個目標視野，每一天先從目標開始切入，看看現在應該推進的階段性成果是什麼？這個階段性成果下可以採取的行動是什麼？於是行動的流程有了先後次序，知道自己應該先做什麼。

第二個效率的提升，是出現額外雜事時，如果他跟目標相關，我不用急著做，可以排入未來的目標流程當中。我也不需要擔心自己會忘記，因為收集箱與流程可以幫我記住，我到時候再去做就可以了。

第三個效率的提升，面對「一定要做的雜事收集箱」，我可以利用工作生活的空檔時間，有時候我們需要轉換一下壓力，有時候我們需要一些積極休息，就可以去處理一下那些一定要做的雜事。

這個流程的第四個效率提升，面對那些被放入「其他雜事收集箱」的事情，我們可以很清楚的知道絕對不要先去做。 如果有一件事情沒辦法放進目標金字塔，表示他跟任何目標都不相關，又沒有辦法被確定為一定要做的雜事。那麼這種雜事，只會分散我們的時間與注意力。

我們如果沒有這樣的一個金字塔的整理邏輯，我們很容易去做最後一種雜事！因為他們通常看起來簡單、新鮮，充滿吸引力，但是其實他們會讓我們一直偏離目標。

這些額外的雜事，很有可能是我在臉書看到朋友都去健身房運動，我也很想去健身房。我看到大家都在推薦一本書，我也很想買這本書來看。這些雜事，看起來都是很有意義的行為沒錯，但關鍵就是，如果他跟我的目標不相關，對我來講並沒有絕對的意義。

我們非常容易陷入這種雜事的誘惑，常常真的會去做一點點，但問題就是做了也不會創造很大的價值（除非你真的把它拆解成目標）。如果我們沒有把這樣的雜事管理好，最後只會覺得怎麼每天要做、想做、該做的事情那麼多，永遠都沒有辦法擺脫沒時間的困境。

5-2

每天很忙卻總感覺瞎忙？　VS　「三層待辦清單法」

　　時間管理中很多朋友常常焦慮的另外一個問題，在於我們並非不認真，甚至我們可能每天都非常的忙碌，非常努力地去工作，或者去實踐很多生活中的事情。但最後感覺做的事情很多，卻覺得自己好像在瞎忙。

● 可能是感覺自己好像都在忙別人的事情？

● 有可能做了很多事情，但好像沒有創造出一個讓自己滿意的成果？

● 還有可能是做的更多，卻更加迷惘，不知道自己真正想要的到底是什麼？

　　這些問題的核心，當然還是要回到這本書時間管理的流程，重新去進行目標的拆解。而假設現在目標已經完成拆解，接下

來要開始進入每天到底應該要做些什麼事情的「每日待辦清單的選擇」。

在每日待辦清單的選擇上，我也有一個個人累積多年的經驗建議：

幫助我們設計出一個讓自己不會感覺瞎忙的每日待辦清單，我稱呼他為「三層待辦清單法」。

一般每日待辦清單的問題

在我看過的很多例子裡，一般待辦清單通常會出現幾種問題。

第一個問題，如果一般待辦清單有標明執行的時間，最後往往沒辦法照自己規劃好的時間去執行，反而需要花更多時間回頭去修正。像是早上 10 點要做 A 行動，11 點要做 B 行動，當然看起來是一個很不錯的安排。但問題是每天的工作現場，會有很多臨時插入的意外，自己的狀態也沒辦法在前一天做好預測，如果早上 10 點忽然被叫去開會呢？如果早上 11 點自己忽然沒有想法呢？這時候這個待辦清單就被打亂了，甚至會因此開始覺得挫折與壓力，就會開始拖延不想去做。

為了避免這樣的一般待辦清單問題，我會建議一般的待辦清單上，不用預先安排要做什麼事情的時間，除非那件事情是有特定時間的會議或活動。

一般待辦清單的另外一個問題，是缺乏優先緩急的排序。可能是真的沒有排序，雜亂的列上去。這樣很有可能先做了一些次要的事情，最後重要的事情 反而沒時間。

更有可能是知道需要優先排序，但覺得每個事情都非常重要，很難判斷重要次序。所以最後也就變成跟沒有排序一樣。

三層每日待辦清單

我目前會這樣設計每日待辦清單，分成 3 個層級：

- 第一層：自我實現

- 第二層：進度推進

- 第三層：雜事處理

第一層，自我實現。

在這一層要放入什麼樣的行動呢？要從我的目標中，去找那些真正屬於自我實現的願景的目標，通常這類目標沒辦法安排在進攻行事曆上面，因為沒有明確的時間點。但我知道，如果我不行動，這個個人目標就永遠無法往前推進。這樣的目標，透過現實化、子彈行動清單拆解後，把下一步行動放入每日待辦清單。

數量只要一個行動就好，也不需要放得太多。讓每一天的待辦清單都有一個行動，真正屬於自我實現的目標，如果今天可以完成，會為自己今天帶來最大的滿足與成就感。

以我自己為例，通常我會放在自我實現層的行動，一個是我的部落格文章寫作目標，一個是我的親子家庭育兒目標。在平常工作日的時候，我會在自我實現層放入當下正在推進的部落格文章行動。週末假日的時候，通常會放上跟家庭目標有關的行動。

在自我實現層，應該每天為自己選一個行動，不是外力強加的，是和我自己真正想做的目標相關，做到會實現自我滿足的行動。

第二層，進度推進層。

在這一層的待辦清單中，我會對照前面提到的進攻行事曆。進攻型行事曆上有兩種資訊。 第一種資訊是確定要去參加的會議、活動。第二種資訊就是那些有截止時間的目標專案，他們在這個禮拜、這一天的階段性成果進度。 把會議活動，以及目標進度的下一步行動，放入「進度推進層」。

例如，這個禮拜的新書目標的階段性成果，是撰寫草稿。那麼今天我還要再推進的行動，可能就是：「用語音轉文字的方式，收集第二章的草稿」。 同一時間，這個禮拜還有一個目標的階段性成果，是規劃一整天的時間管理課程，那麼在今天的待辦清單中，還要安排一個行動是：「先建立時間管理課程的大綱」。

進度推進層最重要的目的，是要讓我挑選出「今天非做不可，並且最有價值的行動」。約定好的會議，當然是非做不可的行動。那些重要的目標、任務，在今天的階段性進度裡面必須要推進的行動，更是非做不可且更有價值的行動。

這其實是判斷重要性的一個最好的標準，那就是重不重要，不取決於我們的感覺，而是取決於「現在這件事情是不是在進

度上？」我們必須回到進攻行事曆去做一個輔助判斷，讓這兩個時間管理方法可以結合在一起，幫我們找出進度推層要寫下來的行動。

通常進度推進層安排的行動，對我來說數量最多就是 4、5 個行動。為什麼呢？因為我的進攻型行事曆，最多一天會安排四個目標的進度條，每天我起碼要推進這個進度中目標的一個行動。

你可能會問我，難道不多列一點嗎？千萬不要，列得越少越好，只列絕對絕對必要的就好。

因為我們怕的是事情列太多，做不完帶來壓力，或是不知道如何選擇。我們不用擔心事情列很少，因為如果我們一不小心把它做完。大可以再回到目標金字塔，去挑出目標的下一步行動繼續做就可以。

三層待辦清單的第三層，則是雜事處理層。

我的建議是先不要預先列事情。為什麼？因為在職場工作的朋友，每天難免有些意外雜事會出現，除了可以先放入目標金字塔的雜事，還有「一定要做的額外雜事」。這時候，一定要做的額外雜事，可以用第三層的待辦清單來處理，利用額外時間去處理。

三層待辦清單的簡單練習：處理的時間

根據上面的三層待辦清單方法，我的一日待辦清單，可能像是下面這樣：

- 製作視訊會議軟體的比較表格
  - （屬於部落格系列文章寫作目標，放在自我實現層）
- 用語音轉文字的方式，收集第二章的草稿
- 先建立時間管理課程的大綱
  - （屬於新書專案、課程專案目標的下一步行動，放在進度推進層）
- 應付今日出現的其他一定要做的雜事

  時間管理的一個關鍵問題，在於事情發生當下，大腦很難做出很準確的選擇。先選擇好的三層待辦清單。可以幫助我同時兼顧到自我實現的目標，以及那些工作家庭上必須推進進度的目標，還有應付每天臨時發生的意外的雜事。

我用一定的比例來安排每一層的數量，讓一天的行動可以兼顧人生的平衡。

　　我自己如何操作這份待辦清單呢？首先，既然是預先的選擇，所以最好能夠在每一天的早晨，或者前一天的晚上先選擇好。而且既然要先選擇，我們甚至可以把這個選擇的時間再提前，我自己會在每個禮拜天的晚上，去安排接下來一整個禮拜，每一天的三層待辦清單。

　　預先選擇會不會很花時間呢？　理論上應該是不花時間的，為什麼呢？因為我們前面已經建立好了「目標拆解系統」，所以這時候的流程不是憑空亂選，而是：

● **先有目標拆解系統**

　· **再有階段成果的子彈行動清單**

　　· **有計算進攻行事曆**

　　　· **挑選下個禮拜的每日行動**

　　因為是在系統中挑選，所以反而更加簡單、更加的明確。

　　在實踐這一個三層待辦清單的時候，我沒有刻意去安排什麼時候做什麼事情，除了會議行動之外。那麼在一天的時間裡面，這些行動什麼時候要執行呢？

　　如果有職場工作，那麼在辦公室的時候，當然優先先去做「進度推進層」的行動，要先做哪一個，可以根據當下的情況、

當下的心情來選擇，如果卡關還可以利用積極休息法，替換進度的行動來做，因為都是今天應該要推進的行動，不用執著必須先做哪一個。

接著利用自己可以掌控的那些空檔，去推進自我實現層裡面的行動。就像神聖時間的概念一樣。在自己可以完全掌控的時間。 應該要優先推進真正屬於自我實現的目標。

另外有時候我們需要做些簡單的事情，來轉換心情，這些時候就可以去處理雜事。

這就是我自己利用三層待辦清單的方法，你不一定要完全跟我一樣，但可以把握這裡面的思考的原則，來設計屬於你的真正有效的每日待辦清單。

5-3

零碎時間如何有效利用？ VS 「子彈情境法」

時間管理真正的效率，在做出有效的選擇。 能夠充分利用當下時間，去推進有價值的事情。透過金字塔收集箱與每日三層待辦清單，正是幫助我們做出有效的選擇。

不過接下來會遇到的另外一個問題，那就是雖然我想選擇，但是當下的情境不允許我去做這個行動。這個問題或許可以歸納成一個常見的疑惑：「那些零碎片段的時間，如何好好的利用？」

很多時候。 我們可能知道自己明確想要推進的目標，但問題是日常時間被切割的太零碎，在家裡可能小朋友隨時會跑來找你玩，你會需要去做一點家事，工作上更不用說有很多意外。這麼多分割的時間，我如何繼續推進自己的目標呢？

子彈式推進

當我要處理一個報帳行政流程，我發現再過 15 分鐘之後就要去開一個會議，於是覺得 15 分鐘內沒辦法處理完報帳行政流程，等到開會結束我再來做吧？那這個 15 分鐘零碎時要拿來幹嘛呢？或許就打開即時通聊聊天，上個臉書簡單逛一下。

等到開會回來的時候，只剩半個小時就到午餐時間，也沒辦法完成這個報帳行政流程。所以不如等下午再做好了。

結果等到下午回來，需要兩個小時來處理這個報帳行政流程，但下午忽然臨時插入一個任務，最後今天工作就變得更加的緊張。

如果可以找到一個方法，讓原本早上那個開會前的 15 分鐘、吃午餐前 30 分鐘，都能夠推進報帳行政任務，那麼我下午就會多了 40 幾分鐘，能夠更輕鬆的處理，或是應付意外事件了！

問題就是，為什麼這樣的零碎時間，我們會覺得沒辦法利用？關鍵原因就是前面一直提到的，沒有拆解出子彈行動清單。

還記得「回推法」與「切割法」嗎？其實任務都還可以再

拆解子彈行動清單。如果是一個報帳行政任務，只有 15 分鐘的時間，我可以先把報帳需要用到的 Excel 表格整理好，這樣子等一下我可以把檔案直接匯入系統。

如果我在午餐前有 30 分鐘的時間，就把等一下填寫資料需要的各種檔案文件、紙張資料，先全部調閱出來準備好或掃描好。這樣我打開報帳系統要輸入資料時，又節省一些時間。

如果懂得切割行動，那麼其實很多任務都可以在零碎時間裡繼續往前推進。

子彈情境戰術

另外一種情況，是零碎時間常常是看起來不適合工作的情境。 例如正在通勤的路上，看起來好像不太適合工作，或者好像無法處理什麼重要的任務。

這時候，還記得我們前面提到子彈行動清單的「替代法」。

替代法除了給自己更多可以推進任務的行動選擇之外，也包含有沒有可能為不同的情境，設計出可以推進任務的不同類型行動呢？

例如寫部落格文章這個任務，其實我沒辦法總是坐在辦公桌或者書桌前好好打一篇文章。那麼如果通勤的時候可以做什麼呢？或許這時候很適合拿出大綱，在手機筆記上進行簡單修改。或許這時候很適合動腦，快速把腦袋中想法用關鍵字列出來。

確實通勤的時候沒辦法打出長篇大論的文字（其實更專注時，也不是不可以）。但是起碼把大綱調整一下，設計一個文章的好題目，把腦袋靈感利用關鍵字打出來。這些卻是在這個情境底下可以做的，而都會幫這個任務推進一點進度，再節省一些時間。

子彈情境法的簡單練習

所以如果想要善用零碎時間，尤其那些非常片斷的時間，那些情境不適合工作的時間，這時候我建議最佳化每個任務的子彈行動清單：

● 是否還可以回推、切割成更具體的小行動？

● 不同的情境下可以採取什麼不同的替代行動？

把我們的子彈行動清單最佳化，就會發現利用零碎時間不再是一件那麼困難的事情。

5-4

每天寫反省日記有效嗎？ VS 「KPT 覆盤」

提升效率還有一個很簡單，而且明確可以做得到的方法：下一次做得比這一次更好。

如果。 這一次完成任務需要 60 分鐘的時間，下一次有沒有可能把它推進到 50 分鐘、40 分鐘？ 如果我可以越做越快。那麼自然回過頭來不只效率提升了，可以掌控的時間也變多了，應付臨時意外的餘裕也變多了。

但是如何讓自己下一次可以做得比這一次更快更好呢？ 這時候我們就需要建立一個覆盤的工作流程。

寫反省日記的問題

只不過在時間管理上，我們應該如何覆盤才有效？ 常常聽到學員問我這樣的問題：「時間管理需不需要寫日記？ 我曾經寫很多年的日記，但是為什麼覺得好像也沒有什麼特別的成長？特別的改變？」

我們來思考看看，通常想到寫日記這件事情的時候，是怎麼寫的呢？ 可能打開一個日記本，記錄一下今天發生了什麼事情，記錄一下今天的心情、今天的收穫。看起來好像是一個沒有問題的反省日記。

但這樣的日記累積久了，會發現幾個問題。

第一個問題，以後發生什麼事情，往往也很難回頭從自己多年來人生累積的日記裡面，獲得某些關鍵的提醒。甚至很多日記是寫過之後，就很難再翻出來重新閱讀。

另外一個問題，無論是日記或者是工作上的檢討報告，每次都很認真寫，但漸漸地發現怎麼反次都在檢討類似的缺點，其實對大多數人來說並不害怕反省自己的缺點，甚至有時候大家會很熱於檢討自己到底犯了什麼錯誤。 但真正的問題是，為什麼這些錯誤重複的出現？

上述的問題其實代表著我們一般的反省日記缺少兩個關鍵的要素。

第一個缺少的要素，日記沒有跟真正的目標和任務結合在一起，就像雜事沒有跟目標金字塔整理在一起一樣，只會變成混亂沒有目標的日記。

以後如果我遇到類似的目標或任務，怎麼從零散的每一天的日記，找回需要的資料呢？這是一件幾乎不可能的事情。所以我們需要的不是每天反省，而是目標任務的反省。

第二個缺少的要素，則是反省不是反省缺點。因為在時間管理上，真正的關鍵是我們下一次如何採取有效的行動？

這一次會犯了什麼錯，不是要寫出錯誤，而是要分析如何讓下一次的行動流程，可以避免犯這個錯誤？我們的反省日記，應該是建立在這一次的目標任務上修改過的行動清單。

KPT 覆盤

所以我自己有一套撰寫反省日記的技巧，我稱呼他為「KPT

覆盤法」。

● K（Keep）：問自己這一次的目標拆解與行動清單，有哪些下次可以直接照著執行？

● P（Problem）：問自己這一次犯了什麼錯，遇到什麼問題？

● T（Try）：下一次如何修改目標拆解、行動清單，來解決問題、避免犯錯。

用最簡單的例子來舉例。例如我很喜歡做料理，所以有很多食譜任務，當然也都拆解出料理的步驟清單。

每一次做完這道料理之後，我會覆盤一下，看看這次做料理的步驟哪些可以保留下來，這一次有沒有什麼覺得不好吃、很花時間的地方，下一次應該如何調整步驟呢？並且就在這一次，把下一次需要修改的行動清單，直接寫進食譜任務中。

這就是一個覆盤過的 任務筆記，等我下一次要做同一道料理，只要呼叫出這個任務，就可以看到上一次確認過的料理步驟，以及決定要調整的步驟，只要照著做即可做得更好。

關鍵的問題就是，如果沒有這樣的一個覆盤筆記。那麼下一次又要再做這一道料理任務的時候：

● 我必須要重新拆解步驟。（又要再花一次時間）

- 我會忘記上次想要調整修改的行動。（沒辦法變得更好）
- 所以我很有可能再犯同樣的錯誤。（又要花時間彌補）

如果我們的目標、任務沒有這樣的覆盤，那麼我們每一次都會不斷的重新再花時間，再犯同樣的錯誤，解決同樣的問題。

但是反過來說，只要做好 KPT 覆盤筆記，下次我就可以節省重新拆解的時間，避免上次的錯誤。

KPT 的簡單練習：不需要花時間的覆盤

接下來大家可能有的疑惑是，KPT 覆盤，會不會自己就要花很多時間做？

應該這樣說，如果 KPT 覆盤是在一件事情完全做完之後才做，而且做這件事情的時候是憑著大腦的感覺做，過程中沒有任何的拆解，沒有任何的記錄。那麼這時候當一個專案或任務完成之後，我們才要來做 KPT，一定會花非常非常多的時間。

因為我們一定會忘了之前做了什麼步驟，忘了做的順序，忘了做的過程之中發現的很多問題。

那怎麼樣的 KPT 是不花時間的呢？ 這時候就要跟我們前面的時間管理流程結合在一起。

我們一開始就建立一個目標拆解系統，一邊做就一邊拆解階段性成果跟子彈行動清單，並且我們依據這樣拆解出來的系統去採取行動。

這時候我們只要做兩個步驟就能做好覆盤。

第一個步驟，執行的過程中發現任何問題，產生任何經驗，當下就放進目標金字塔整理系統當中。第二個步驟，當專案任務完成後，在原本已經拆解好的行動清單上調整即可。

在既有的目標行動清單上面做修改，而不是從頭到尾重新整理一次，如果這樣做的話，通常我的經驗是覆盤一個目標不會超過 10 分鐘的時間。

但是要記住的就是，當這個目標或任務完成的時候，不要刪掉，不要移除，要保留下來。以後如果我要再做類似的事情，要去搜尋之前的目標，這時候我就可以直接複製上次已經拆解好的目標系統，直接就開始推進這一次的目標和任務了。

5-5
最後的效率瓶頸在哪裡？ VS 「不浪費法則」

　　你可能讀到這裡，會有一個疑惑，前面我提到的效率改進方法，好像都不是那種一瞬間可以加快速度的技巧？

但是，正是上面這些流程的改進。　可以幫助我們節省「更多的時間」。　我們的效率會比那些加速小技巧，還要更大幅度的提升，並且創造真正有效的產品。

　　因為在時間管理中，效率低下的原因，通常是很多流程隱藏了時間的浪費。

第一個效率瓶頸：目標的浪費。

什麼是目標的浪費呢？ 就是把時間花在很多次要的目標上，或是分散在過多目標上。導致最重要、有價值的目標，沒辦法徹底的完成。

但是我們都知道，半調子完成的目標，最後沒辦法成為一個真正有價值的目標。這才是最大的時間浪費。

第二個效率瓶頸：思考的浪費

這套時間管理方法非常強調思考，不是要說每個人都成為思考高手，而是要基本的思考目標願景的設定、目標問題的分析、目標要設定什麼階段性成果、每個階段性成果要拆解出怎麼的子彈行動清單，這些都需要一些基本思考。

你可會想，我花時間在做這些目標拆解的思考，會不會反而沒有效率呢？ 但這其實也就是對效率的另外一個盲點。如果我們不做這些目標拆解的思考。 我們反而未來會浪費更多的時間。

因為這樣一來，我們每一次都要重複的思考其實做過的目標與任務。這是什麼意思呢？例如我要舉辦一場活動，我可以假裝自己不花時間去思考，然後出現什麼事情就兵來將擋、水來土淹。但真的有可能是這樣嗎？

其實你在做每一件臨時出現的雜事的時候。還是在不斷的思考，怎麼做比較好？怎麼解決當下的問題？只是這些思考沒有事先拆解，沒有記錄下來。

這樣一來，下一次又要被交付一個舉辦活動任務，你會發現自己需要重新再思考一次，花掉跟之前同樣的思考時間。

我們以為自己不想花時間在目標拆解的思考上，其實會變成隱形花費的思考時間，每一次做類似任務都要重複的浪費掉。

但是反過來，如果當我接到一個目標跟任務，第一次就先好好的拆解清楚，自己會更安心、更知道怎麼處理。執行的過程可以減少很多再次思考決策的時間。更重要的是，下一次又有同樣的任務，我就要叫出上次的拆解清單，直接去做！

第三個效率瓶頸：不確定的浪費

如果我們的任務沒有拆解出子彈行動清單，只能矇著頭讓大腦去運轉。 但是大腦是很容易思考決策疲勞的。 當我沒辦法確定下一步行動到底是什麼？無形之中會花很多時間在猶豫焦慮，花時間在確定之前的進度，花時間在確認接下來到底要做什麼。

> 沒有做好目標跟行動的拆解，導致執行時充滿不確定性。 就會讓工作的速度變得更慢。 讓大腦要花更多時間在做思考決策，這就是不確定的浪費。

第四個效率瓶頸：重複的浪費

前面我舉過一個例子，如果我搞不清楚這件雜事在整個專案流程當中，應該處理的順序跟位置。於是有什麼事情出現，就趕快處理這件事情，這樣很容易到了專案後面流程的時候，我要回頭修改之前自己做過的事情，因為我搞錯他的順序。

如果沒有好好的做好目標拆解，我們就很容易多做一些重

複的動作。前面做好的事情後面還需要再修改，導致了很多重複時間的浪費。

第五個效率瓶頸：等待的浪費

有時候 A 事情卡關了，我不知道現在還可以選擇哪些有價值的目標來推進，於是我就卡關在那件事情上面。

有時候出現一個空檔了，我不知道當下可以選擇什麼任務讓這段時間變得有價值，於是我就去做一些打發時間的事情。

這都是等待時間的浪費，時間是一種強制花費的東西，你不好好花掉就是浪費。

所以要提升效率，更關鍵的就是把等待的浪費去除掉。讓自己知道每個時間的當下，可以做出哪些有價值的選擇，這比提升工作速度有效，會節省更多的時間。

確實，我們也可以利用搭配有效的工具，來提升自己的速度（例如很多自動化的數位工具）。不過無論如何，最關鍵的還是必須在流程上進行效率的改進，因為那會是最大幅度節省時間的方法。

第六章

時間管理與
人的反省

6-1

沒做過的事情如何目標管理？ VS 「敏捷計畫法」

時間管理流程進展到最後一個章節，我們來討論時間管理中，跟人有關的幾個關鍵問題。因為最終還是由「人」去驅動這一套系統。這時候除了單純的方法之外，人的心態、人的價值觀，以及人的思考模式，也會決定這套系統能夠運轉到什麼程度。所以章節的最後，我們就來聊聊時間管理與人的反省。

首先我想來解答的問題是，對於那些沒做過的目標，也能像前面這樣進行時間管理拆解嗎？或者這個問題的另外一個表達是：「因為我沒做過，所以我無法做時間管理的目標拆解？」

如果是我做過的熟悉目標，拆解出這樣一套子彈行動清單的流程，可能還相對容易一點。但如果我現在面對的是一個完全沒有做過的專案，一個全新的任務，要去拆解出階段性成果，要去拆解子彈行動清單，會不會是一件非常困難的事情呢？因

為根本就不知道這件事情應該從何做起，也沒辦法確定這樣子做到底對不對？

這雖然是一個問題，但是，其實時間管理系統的本質，就是在解決不確定的事情。為什麼呢？因為嚴格來說，我們的整個人生就是一個自己從來沒有做過、不確定的專案！

我們不知道人生的未來會怎麼變動，人生的每一個階段我們通常都沒有經驗，我們都是人生的新手。

但這正是在這樣的時候，前面闡述的這一套時間管理流程，反而可以幫我們更加容易掌控這個從來沒有做過的目標專案。

這是一套可以敏捷變動的系統

雖然前面示範了時間管理很多層面的拆解技巧，但有時也會引起一些誤會，以為是不是每一件事情都要先徹頭徹尾的拆解清楚，才能夠採取行動呢？

但或許你也注意到，我非常強調這套系統，應該是一個可以變動的系統。讓我們來重新回顧一下這本書的幾個關鍵方法，

看看裡面有哪些應付變動的因素。

「目標願景」可變動嗎？當我說一個目標必須要先確認自己真正想要的是什麼，並不是要去找到那個最終想要的解答。事實上，如果以人生專案來說，有誰知道自己人生最終想要的是什麼呢？這本來就是一件不可確定的事情。所以我的正確說法是：

我們透過幾層追問：「因為我想要什麼？」找到一個相對較好的答案。而且我們嘗試讓這個相對較好的答案，有相對具體可獲得的價值。

所以並不是說要花很多時間去找到那個最終想要什麼的解答。而是能夠破除第一層單純直覺的陷阱，目標其實就可以進一步地往下推進。

當推進到「階段性成果」，特別提到不能是理想化的想像，最好是能夠從自己真實感受到的問題與阻礙出發。從解決真實的問題開始。而不是去推進一個很理想化的計畫。

這其實也就是要面對不確定性，讓系統是可以變動的，用階段性成果去解決真實問題，然後我們再進一步的快速進行修正。

在「克服拖延」的時候，我們特別強調應該要找那種現在可以做得到，並且我有認同價值的成果來優先的推進。

因為我無法預知未來可能會有什麼變動，大多數專案都不是百分之百熟悉。但我比較容易把握的，就是現階段我可以做到，並且對我會立即創造價值的這些成果。

優先來推進這樣的成果，就可以幫我累積成長的基礎跟動力。無論未來有什麼變動，起碼我為已經先創造了某些初步的成果，來應付這些變動。

然後在「拆解子彈行動清單」的時候，除了回推法、切割法之外，我們特別強調了一個「替代法」。要達到一個任務和目標，可能會有很多不同的行動選擇。

為了應付變動，我們可以為不同的情境，設計能夠推進同樣目標任務的不同行動。讓自己持續的創造成果、累積成果。 來讓自己更接近自己想要達到的目標。

在上一個章節，我們特別強調了一個「KPT 的覆盤計畫」。當我們利用前面的目標拆解系統做出了一些成果之後，更重要

的是花一點點時間進行覆盤，看看自己原本設計的階段性成果跟行動清單，有沒有需要修正的地方。

這不只是為了應付變動，甚至還是故意讓自己保持變動。因為只有讓自己保持不斷的調整，不斷的改變。我們才能應付這個大多數時候都是未知的人生專案。

工作與人生的敏捷計畫

還記得在第二章節 講目標拆解的時候，提供大家一份目標現實化表單。那時候我提供了自己撰寫 Evernote 子彈筆記新書的範例。大家可以翻到前面的章節，仔細看看我當時的計畫。

你會發現，這個的計畫和一般大家所認為的目標計畫有一個很關鍵的不同。就是我並非從頭到尾把如何寫一本書的計畫，在一開始就徹頭徹尾的規劃出來！我反而只規劃到自己必須先規劃一個 30 人課程的階段性成果。

因為就算我寫過很多本書，但每一個全新的主題都是一個充滿未知的目標專案。這時候，我不會想要一鼓作氣就把整個

目標規劃好，然後以為自己會完全照著去執行。這反而是很危險的計畫。

> **我會先想辦法設計出跟這個專案有關的最近一個階段性成果。這個階段性成果要有效創造價值，並且對這個專案有幫助。**

所以那時候我透過問題分析，找到我要寫這本書的第一個階段性成果，是先開一個 30 個人的課程小班級。這個階段性成果讓我可以回頭去修正：我的 Evernote 管理方法應該怎麼講別人比較容易接受？哪些環節對大家來說最有衝擊最有效？

我後來在這堂課已經開了接近 10 次之後，才確定那本書的真正大綱以及寫法。

但是我相信這是這樣子的敏捷計劃方式。 幫助我達到了下面幾個關鍵的效果。

第一個效果，容易掌控專案的成果進度。如果一開始就是規劃出一年的寫作計畫，我相信中途會遇到非常非常多的阻礙，調整的時候會覺得怎麼計劃被拖延。反而我先集中全力創造出一個階段性成果，其實很多進度就被開始往前推進。

第二個效果，目標會因此做得更好。如果埋頭寫的一年書，

相信最後的結果不會像目前那麼好。因為我沒有用階段性成果去確認讀者到底要什麼。

第三個效果，當我這樣做的時候，就算最後書籍沒有產出，或者延期了，但是那個 30 人的子彈筆記課程，其實已經是一個有價值的成果了。

就算專案沒有完成，我不會什麼都沒有獲得。 我還是持續在我的工作、人生中，用一個一個階段成果為自己持續累積價值。

敏捷計畫法的簡單練習： 在完成目標前，持續創造價值

所以，不用擔心沒做過的事怎麼做目標管理。

對我們大多數人來說，每一個專案都一定有沒做過的部分，我們的整個人生都是沒做過的專案。

我們需要的，只是利用這本書的時間管理流程，不要誤以為是要幫自己做出完美的計畫，而是確認一個更好的願景，找

出裡面的問題，拆解出我們現在可以創造的階段性成果，然後利用子彈行動清單全力衝刺這個成果。

這個成果比較短期，最可以幫助我們更快的獲得如何修正的回饋，這樣子我們就不再害怕那些沒做過的專案。

人生中的大大小小事情，都可以用這套敏捷計畫的流程，讓我們持續的往前推進，讓我們不要陷入當下無事可做的困境當中。

我有一個真實經驗。我的小孩很小的時候，常常有夜晚會驚醒的問題。 老婆是一個很淺眠的人，覺得小孩半夜驚醒非常的困擾。

於是那時候，我就把要解決這一個問題，當作目標來拆解。目標願景當然就是希望小孩半夜可以一次睡過夜。但是在這過程中，可能的問題有哪些呢？ 我們開始去猜測，小孩半夜會醒過來的可能原因：小孩在長牙的階段？小孩白天活動比較少？睡前沒有喝飽所以肚子餓？因為父母都要上班，小孩有分離焦慮？

我跟老婆一起討論出了這些問題，然後每一個問題設計一個解決的辦法。每一個解決辦法，當作一個階段性成果來試試看。

例如，晚上睡前讓小孩多喝一點，有飽足感之後半夜可以睡得更好嗎？或者幫小孩買一個可以磨牙齒的健康玩具，讓小孩的牙齒比較舒服，會不會半夜睡得更好？晚上帶小孩回家之後，跟小孩多玩一些遊戲，幫助小孩消耗體力看看？晚上回家之後，抱著小孩跟他講故事，做一點親密的動作，舒緩他的分離焦慮，看看晚上會不會睡得更好？

我們列出了這樣的目標計畫清單，一個一個嘗試。嘗試第一個方法，頭幾天可能有效，之後可能小孩又會半夜驚醒，我們就去試試看第二個方法，或者做一些方法的組合搭配。我們就這樣一邊嘗試，有時候有效，沒效的時候再搭配新的組合。

這樣實際嘗試了一個多月的時間，有一天突然小孩半夜不會再那麼容易驚醒過來了。可以比較常完整的睡過夜了。

我舉這個例子，想要在最後幫大家總結的是，你覺得我前面這些步驟。哪一個方法解決小孩半夜醒過來的問題呢？我相信你不知道，我也不知道。其實我心裡想的是，這裡面的這些方法，並沒有解決小孩半夜醒過來的問題，只不過經過一個多月之後，小孩的成長變動是很快的，他就進入了下一個階段開始能夠完整的睡過夜罷了！

那做這麼多不是沒有用嗎？並非沒有用。

因為在那一個多月裡面，老婆不那麼焦慮了。雖然小孩偶爾會半夜醒過來，但我們知道還有一些可以嘗試的步驟。一個有效的敏捷計畫，反而可以舒緩你的焦慮。

而且這些行動並不是沒有意義的！回家都跟小孩說故事，有一些親密的動作，建立親密的親子關係，無論是不是為了讓小孩半夜不要醒過來，但都是一個有價值有意義的成果。

當我們思考人生的專案，沒有人知道真正的解答到底是什麼。我們需要的不是我要知道怎麼計劃才去做的目標計畫法。相反地，如果我們可以設計有效的階段性成果，是否推進目標有時候不是那麼重要，因為這個有效的階段成果本身，已經在創造價值。

6-2

21 天養成習慣有效嗎？ VS 「成果挑戰法」

呼應前面一篇，我想解答很多朋友問我的另外一個關鍵的問題：「如何養成習慣？或者落實在這本書上，如果我想要實踐前面這一套時間管理流程，如何把它變成我的習慣？」

這時候同樣要去追求的不是養成習慣這件事情，
而是如何創造自己的成果，並持續挑戰成果。

從前面舉的很多範例，會發現：養成閱讀習慣，真的是要養成閱讀習慣嗎？還是要解決親子教養的問題？養成運動習慣，真的是要養成運動習慣嗎？還是要讓自己白天更有精神？

沒有目的的養成習慣，一開始雖然會讓人有一種生活煥然一新的感覺，但時間一久，一直重複同樣的習慣行為，會開始發現覺得有點疲累了，好像不知道自己為什麼要這樣做，更可能真正的人生跟工作也還是沒有什麼改變。

如何追蹤習慣養成？挑戰成果

有一次朋友問我。你怎麼追蹤習慣養成紀錄？有種說法是持續 21 天，就會養成這個習慣？

但關鍵其實不是要養成某種重複一直做的習慣，還是要回過頭追問自己，到底是要解決工作生活中的什麼問題？想為自己創造什麼樣的成果？那才是習慣背後的核心，養成習慣可能只是其中的一種手段。但如果把手段當作目標，很有可能陷入不知道為何而作的困境。

回到那位朋友的問題，我是這樣回答他的：「如何知道自己養成習慣？就是去追蹤自己到底創造了什麼成果，如果正在保持一個運動習慣，我應該要看的不是自己運動持續幾次，我要看的是，這一週我的慢跑速度是不是比上一週增加？我是不是可以跑操場更多圈？我去報名參加一個半馬比賽，是不是能夠順利的跑完？成果創造出來，自然知道自己養成了一個有效的習慣。」

我們可以不斷的提高階段性成果的挑戰。從最小成果，去挑戰大一點點的成果，再去挑戰更大一點點的成果，然後有一天說不定你會變成一個慢跑高手。

這時候你會明確的感受到，這個習慣本身為你創造很大的

價值，這才是有效的養成習慣的方法。

成果挑戰法的簡單練習：挑戰最小成果開始

回歸到我們這一篇文章開始的那個問題。

如果想要把這本書的時間管理系統養成習慣，我應該怎麼做呢？千萬不要把每天開始重複這套時間管理系統當成目標。

你真正的習慣養成計畫，應該是現在工作或人生中，有一個非常重要的問題，有一個非常關鍵的想要，然後想要用這套時間管理系統去實踐他。

先試試看，用這套時間管系統去拆解你的那個想要，找到那個想要的階段性成果，然後試著推進看看有沒有什麼問題，看看應該怎麼修正。然後再回頭把這個系統調整得更加適合你。

接著再把這個系統慢慢擴大到工作人生的其他層面，這才是把時間管理系統養成習慣的最好做法。

從一個真正的問題，真正的目標解決開始。

6-3

隔離干擾能夠鍛鍊專注力嗎？ VS 「長期專注力」

　　覺得自己需要時間管理的人，可能常常有一種困擾，就是自己非常容易分心。 於是就想要開始遠離社群，避免時間因為上網、看電視就不知不覺得消耗掉了。

　　有很多隔離干擾的工具可以幫助你，他們可以限制自己上網的時間，限制自己打開 Facebook 的時間，甚至現在的手機都內建了這類數位健康的功能。

　　或者有時候我們為了讓自己隔離干擾，會到咖啡館專心工作，雖然咖啡館有點吵雜，不過在那個環境裡面其他人都不認識你，他們不會來干擾你的工作狀態。而且切換到一個新的環境，讓視覺聽覺有新的刺激，隔離那些原本會讓你感到事物（例如辦公桌的一大堆文件夾）。

你說這些隔離干擾的方法有沒有效果呢？是有效果的。只是，他們的效果要維持不是那麼的容易。

如果我們把時間都花在想辦法隔離干擾，或許不是培養專注力最好的做法。

什麼是專注力呢？我們可以這樣定義：「對於某件事情，能夠全力的投入。」

但是這句話可以修改得更好，對於某件事情全力的投入？問題是那件事情到底是有價值還是沒價值呢？所以如果我們來重新定義專注力，應該要這樣說：

選擇對我有價值的事情，然後全力投入。

從這個更精確的定義出發，可以區分短期專心，跟長期專注的區別。

短期專心

前面提到的讓自己斷開網路干擾，找到一個讓自己可以專心工作的咖啡館。這個都算是幫助自己短期專心的方法。

他們其實也都會有效，不過更關鍵的是，我們知不知道專心後要全力投入的那件事情到底是什麼？以及如何全力的投入那件事情呢？如果沒有那件值得投入的事情，就算我有這些隔離方法也是很容易失敗的。

例如我知道要開始寫作，但我因為焦慮、壓力，忍不住一直打開 Facebook 上網。於是我去安裝了一個隔離 Facebook 的工具，限制自己上 Facebook 的時間。但是我依然對那件要寫稿的事情感到很焦慮。

於是我還是沒辦法全力的去投入推進這一個任務，我變成開始看一些自己其實不一定要現在看的書籍。我開始去做一些其實不是那麼重要的工作。

你發現，這時候就算我們隔離干擾，但真正重要的事情還是沒辦法投入。

那我們要如何建立一個更有效的短期專心？其實就是這本書前面的時間管理方法所講的，要為你的任務拆解子彈行動清單。

我們要讓這件事情有我所認同價值的成果。我們必須要想辦法把行動清單拆解到看起來像是立刻可以做。然後我們才能專心投入去做。

如果寫一篇稿子壓力很大。先寫出大綱可不可以？如果列出大綱還是有壓力，可以用說的，把自己的想法轉錄成文字可不可以？用回推法、切割法、替代法，找到那個最簡單可行的行動。

這時候，我們才能夠立刻投入這個行動，完成一個小小的成果，而這就是專心，因為成果被真正的完成。

長期專注

但是就像前面一直提到的，不要陷入在每天待辦清單的忙碌，不要覺得出現的事情放入待辦清單，做完他們就是時間管理，因為那很有可能只是瞎忙。

在專注的這個議題上也是一樣的，就算我們可以短期專心，但真正能夠創造最大價值的是「長期的專注力」。

什麼是長期的專注力呢？如果你想要學會一個技能，透過一個一個接連不斷的階段性成果，讓這個技能不斷提升。或者一個工作上一年的大型專案，即使中間遇到了很多阻礙，出現

了很多意外，還是能夠堅持的把它做好。

擁有長期的專注力，才是對我們人生更有幫助的一個時間管理技巧。

這時候問題就不在那些隔離環境干擾上了。要擁有長期專注力，就回歸到我們目標的拆解設定上面。

為了避免讓自己陷入東一個目標、西一個目標，每個都做一點點，卻沒有長期投入去創造最大價值，我們要懂得如何進行目標的整合，讓這些不同的努力串連起來變成一個共同目標。

而且就算這些目標遇到挫敗的時候，會用覆盤的技巧，為他修正階段性成果，不會簡單的放棄。讓這個目標繼續往前推進，才能累積最大的價值。

或是我們有沒有為自己的目標在進攻行事曆上面，留下足夠的準備時間，在幾個月之前就可以懂得從現在開始，我應該要在某件事情上進行長期的專注。

這才是長期專注力的有效做法。

長期專注力的簡單練習

是的，你也可以把這本書要跟大家分享的這一套時間管理流程，當作是一種鍛鍊真正專注力的流程。

一個最有力量的專注力，不會只是隔離當下的干擾，而是懂得怎麼選定目標、整合目標，並且在可以掌控的時間裡面全力投入的去推進還能持續修正。

所謂的找到目標，不是憑空想到一個非常美好的目標開始去做。其實正好相反，我們去找一個美好理想化的目標，覺得好像找到好目標開始去做，反而產生不了任何的價值。

真正有價值的是什麼呢？ 真正有價值的是，無論我的目標是什麼，但我能夠深入的拆解他，明確為他設定成果，願意投入時間把這個成果好好完成。一個被好好完成的成果，自然就會有價值！

無論他是什麼事情，而這才是提升專注力，創造價值最好的方法。

6-4

如何有時間完成重要的事？ VS 「時間黑洞測驗」

　　為什麼我沒有時間去做那些重要的事情，如何有時間去完成重要的事情呢？ 例如我同時兼顧著正職工作、部落格的寫作、課程講座的準備，還有家庭育兒各種專案。

　　這些時間我是如何把他空出來，讓自己有空去做呢？ 在這一篇文章裡面，我們就來試試看，用實際的計算思考這個問題。

你擁有多少自主掌控的時間？

　　我要請大家先在心中做個簡單的計算，回答下面兩個問題：

● 我們先用大腦的直覺反應，想想你覺得自己現在平均每個禮拜，會有多少可以完全掌握的空檔時間？

● 就以上個禮拜為例，你覺得自己在那七天裡，充分有價值利用的時間有多少？

給自己一點時間，簡單回答這兩個問題，然後看看是不是光是在這兩個問題上，就已經有一定的時間差距呢？

有可能你的回答會是這樣，第一個問題，每天晚上小孩入睡後是我的自主時間，平均每天有 2 個小時空檔，一個禮拜有 14 個小時的空檔。 第二個問題的答案，我回想上個禮拜那每天 2 個小時的空檔到底做了什麼？發現好像都已經沒有印象了，只是做了一些打發時間的事情。

很多時候，真正的問題不是沒有時間推進目標，可能我們連自己現實中可以完全掌控的空檔時間，都還沒有充分利用。

時間空檔的一種嚴格計算

但是另外一個問題是，我們實際上擁有的空檔，其實遠比我們想像的還要多。

下面我來做一個簡單的空檔時間計算：

- 一週有168小時。

- 扣掉每天睡眠8小時（56小時）。

- 扣掉每天工作8小時（40小時）。

- 扣掉每天家庭3小時（21小時）。

- 我還有51個小時。

　　一個禮拜的時間資源是 168 個小時。扣掉每天一定要睡覺休息，每天需要工作，再扣掉每天基本的吃飯需求。上面這些時間是生活當中絕對不可避免，一定要被佔用的時間。把絕對一定會被佔用的時間扣掉之後，剩下的時間，理論上應該是「如果我想要」就可以掌控的時間才對？

　　這時候，如果你有一件非常想要推進的個人目標，每個禮拜可以全力掌控去推進這個目標的時間，可能有 51 個小時之多！

　　當然，你對這個計算一定有一些疑惑。可能在工作上會想，不用加班嗎？一個禮拜工作 5 天，每天 8 個小時就好了嗎？當然，每個人的工作不一樣，有的人確實工作時數更長，但我要強調這邊講的每天工作 8 個小時，意思是那個時間我真的用在職場的工作上，我沒有拿去看臉書，我沒有上網，我沒有跟朋友聊天，我沒有放空去想自己的事情，真的用在工作上的時間。

你說難道上班不用通勤嗎？但是，通勤的時候就不能做一些自己可以掌控的事情嗎？

因為當你把工作時間拿去上網看臉書，其實在那些時間裡，就等於拿回了自己時間的掌控權。或者其實你可以選擇行動的通勤時間。都要算在你可以掌控的51個小時的時間裡面才對！

如果卯足全力，51 個小時可以做什麼？

如果用最嚴格的計算，我們會發現自己原來如果真的想掌控的話，有 51 個小時可以掌控。這時候如果有一個非常想要達成的目標，你會卯足全勁的想要把所有可以掌控的時間，都掌握在自己的手上。

這時候我們可以完成什麼目標呢？如果每個禮拜 51 個小時，假設我現在要寫一本書，如果每個小時可以寫 1000 個字，1 個禮拜之後，我可以寫出 51000 個字，這本書已經接近要完成了！當然，你會說這樣子的工作情況太高壓了，一般人可能做不到。沒關係，我們直接打對折再對折，直接乘以 4 分之 1。假設我們一個小時只能寫出 250 個字。 我一個禮拜有 51 個小

時。那麼。我一個禮拜可以寫出 12000 多個字。於是一個月之後，我一樣可以寫出接近完成一本書的份量。

而且，一個小時寫250個字是什麼意思呢？就是word裡面六七行的文字量，一個小時我只要能夠擠出這樣的文字量，我就可以在一個月之後接近寫完一本書！

意思就是，我其實也不用非常認真專注的寫，我也不用覺得自己寫的不快。我只要每天持續的寫，保持長期的專注，充分利用每個禮拜 51 個小時的空檔，我就可以一個月後完成。

而且，有時候這個小時沒靈感，下一個小時靈感一來寫出 500 個字，那還是一樣平均每個小時 250 個字。或者這一個小時裡面，先去研究一些資料，去散步激盪一下靈感，然後冒出 250 個字。或者這個小時會被很多工作打斷，但是無論如何，我找到其中 10 分鐘的空檔，寫出 250 個字，無論是什麼方法什麼行動都可以，只要我平均可以一個小時寫出 250 個字就好。

想想是不是非常的驚人？原來我有這麼多空檔時間，可以被我們這麼的充分利用，而累積下來，他們可以推進這麼大的成果。

時間空檔的平常計算

如果你說，前面講的是一個極端的特例。

那我們就回到一般我們日常的時間掌控，剛才我們已經有 51 個小時的空檔，但我是一個需要加班的人，假設每個禮拜的加班時間再多扣 15 個小時（我要強調這邊講的時間是真的用在工作上，而不是拿來做自己事情的時間）。然後我的家庭時間需要更多，我要陪伴小孩，家庭時間再多扣 15 個小時。

就算再扣掉 30 個小時的時間，我們手上還握有每個禮拜 21 個小時，是我們可以掌控的時間空檔。

如果禮拜一個禮拜 21 個小時的時間空檔，我可以每天平均花半個小時運動，花半個小時閱讀，還有兩個小時來推進部落格文章寫作的神聖時間。

所以往往不是我沒有時間的問題，而是我們是否真的充分利用我們可以掌控的時間。

讓時間聯合起來幫你

為什麼我們看不到這些算出來的時間空檔呢？ 有一個很關鍵的原因，就是這些時間空檔不是一整片一整片的出現，不是那種我一天下班之後會有完整的 3 個小時空檔。

這些時間，隱藏在上班午休時間、工作中遇到自己可以掌控的片段時間、生活中小孩睡著之後的小空檔，這些零碎片段空檔加起來，構成我們那二十幾個小時的完全可掌控的時間。

這時候，只要你願意，這些零碎空檔，就可以聯合起來，幫助我們完成重要目標。

當然，這裡絕對不是形而上的心想事成。而是必須要有一套完整的時間管理流程。從目標拆解到子彈行動清單的建立，讓我們可以保持一個長期的專注，在每一個零碎的時間裡面懂得如何採取有效的下一步行動。

這一套時間管理系統，就是要幫助你用一個可行的、人性化的方法，把你的時間聯合起來，把你的時間碎片聯合起來，讓他們幫助你去推進哪些有價值的目標。

6-5

如何休息與玩樂？ VS 「有強度休閒」

這本書倒數第二個章節。 讓我們來聊聊休息與玩樂的話題。 很多朋友對時間管理的誤解是：「提升效率，是不是把所有的時間都拿來做嚴肅的工作？ 是不是犧牲休息的時間？讓自己擠出更多的時間？」

這反而不是好的時間管理方法。 當我們犧牲休息的時間，有可能我們在工作時間的精力下降， 於是同樣的時間的工作反而更容易陷入壓力與焦慮的掙扎。

所謂聚焦有價值的目標，也不是要你把玩樂的時間犧牲掉。因為如果人生中沒有不同的刺激，我們想要達成的目標可能還沒辦法做得很好。

目標中的休息計畫

我們可以從幾個角度來考慮時間管理中的休息與玩樂問題。首先在一個目標專案中，有沒有可能同時也考慮休息計劃呢？

很多時候我們覺得自己可以一鼓作氣的完成，可能沒有考慮到很多事情是需要時間的醞釀，需要一些沉澱累積，有一些真正好的想法、創意才會誕生。

如果把事情全部集中在最後一刻才做，或是趕著一口氣做完，沒有休息的時間，其實也就沒有讓自己沉澱修改的時間。

一個目標專案中的休息計畫，其實就好像進攻行事曆的設計。把專案階段性成果需要的準備時間，畫在行事曆，但是每一天只要推進一兩個步驟就可以了。這樣一來，每一天我不是只能專注在一個專案目標，我還會有其他時間是可以推進其他目標，或者是可以利用空檔來完成自己的目標。

其實這就是一種目標中的休息計畫。不是把事情擠到最後一刻，連續好幾天的全部時間拿來做這件事情。而是分散在不同的時間，於是有了一個緩衝的節奏，讓我們不用一直焦慮在

同樣一個目標，可以有沉澱，可以有修正，慢慢累積之後讓新的刺激產生。

深戲休閒計畫

另外，我們自己想要的休閒玩樂，可不可以當作一種目標來拆解呢？

例如，你週末想要做一點有趣的料理，這對你來講有療癒休息的效果。這時候這件事情，有沒有可能把他規劃成一個休閒的目標現實化表單呢？

可能到了週末時間，不是簡單隨便的做做料理。而是開始有了一個階段性成果，例如研究各種口味的義大利麵、深入研究如何煎出一塊好吃的牛排。

為這些料理任務規劃子彈行動清單。並且在每一次料理結束之後，做一個覆盤，去調整自己的料理食譜，挑戰自己下一次可以做得更加美味、更有特色。

接下來可以繼續挑戰，週末邀請親朋好友來家裡辦一次豐盛的聚餐。在特殊的節日作出那個節日的特殊料理。

　　把這個休閒計畫，當做一個專業的產品來看待。然後去挑戰自己能力的極限，讓自己在這個休閒目標上的能力，是可以逐步的成長與提高。並且挑戰這個自己可以創造的成果。

　　這時候，往往這樣的休閒目標，可以給自己帶來更大的休息恢復的效果。

　　尤其如果平常職場進行非常高強度的工作，一旦我們放假想要能夠得到充分休息，最好的方法就是有一個同樣強度的休閒計畫。

　　反而是如果放假的時候，懶散待在家裡讓時間快速的虛度過去，或者進行一些低強度、重複性的休閒。反而回到工作上的時候，覺得自己還需要更多的放假時間。

　　原因就在於我們的休閒計畫強度不夠，我的休閒目標沒辦法創造一個平衡工作強度的成果。

有強度休閒的簡單練習：把玩樂做到有價值

　　有一個很重要的問題是，如果當我們確認這個休息跟玩樂，對我來說就是一個很重要的目標，我是否願意把它直接排入我

們的待辦清單，讓自己可以充份的休息或玩樂。

沒有什麼事情是更有價值，或者是更沒有價值的，重點在於我有沒有確認自己需要的是什麼，並且願意全力投入的去執行，當我這樣做，這件事情自然就會創造價值。

休息跟玩樂也是這樣，如果我近期有一款非常想玩的遊戲，我是一個很愛玩遊戲的人，我就會把這玩這一款遊戲的行動，放進三層待辦清單的自我實現層。

這個待辦清單提醒著我，今天只要任何可以休閒休息的空檔，我都應該要立刻打開這個遊戲進行遊玩，而不是東逛西逛，不是上網亂看，也不是打發無聊時間。讓自己充分的把這個任務好好的完成，玩出專業，或是玩出成果，無論什麼事情對我來講就會創造價值。

6-6

人生與工作如何平衡？ VS 「人生專案化」

這本書的最後一篇，來討論人生與工作如何平衡的問題。

很多朋友想要學習時間管理的方法，常常抱持的一個核心目的，就是希望自己不是只有工作，在人生中也能創造出屬於自己的成就，達到工作與人生的平衡。

不過工作與人生的平衡，是要減少工作時間，多空出一點生活的時間嗎？是生活的時候千萬不能想工作嗎？我認為並非如此。

要能夠讓自己感覺到人生與工作的平衡，從生活的角度來看，就是要在自己的人生中找到像工作一樣有價值、有成果、有強度的目標。

他是一個休閒玩樂也好。他是個人技能的學習也好。或者是某一個屬於自我實現的個人專案更好。當然也可以是家庭、朋友、親情、愛情等等不同的專案。

但既然成為專案，意思就是在這些人生的事情中，我們不能得過且過，不能只是想到什麼做什麼。必須要設定出目標的願景，找出這個願景背後需要解決的問題，為他們設計階段性成果，然後設計出具體可行的子彈行動，真的排進每天的三層待辦清單推進，甚至還可以在進攻行事曆上為他們保留足夠的時間。

當生活中的某些事情，能夠用這樣子的目標現實化的方式管理，我們自然就能夠創造出生活中屬於自己的成就，而這時候不是時間多寡的問題，是這份成就感自然讓我們感覺到：「我的生活和工作具有同樣的份量，這就是人生與工作的平衡。」

工作與生活的平衡，從工作的角度來看，可以解釋為能不能讓工作上的目標，也可以像是我們生活中的某些休閒玩樂那樣，可以樂在其中呢。

雖然工作上的很多事情可能是別人外加給我的，但是如果可以在設定願景和階段性成果的時候，把屬於我所認同的價值賦予進去。

　　或是在拆解子彈行動清單的時候，研究這個工作的具體步驟，並且執行後不斷覆盤，不斷提升自己的效率與成果，那麼我們就可以在這種工作上的事情找到屬於自己的成就感。

樂在其中，不一定是要好玩才會快樂。如果這件事情是我所認同的，如果這件事情我在執行的時候能夠充分的投入。如果這件事情能夠獲得挑戰與成長。那麼我們一樣會感受到樂在其中。

　　這時候，如果工作目標、生活目標，都能樂在其中，就是一種工作與生活的平衡。

　　這本書中跟大家分享的這一套時間管理的流程，正是幫助我們對目標樂在其中的流程，讓我可以及時去追求自己所選擇的目標，無論那是工作或生活上的，都能夠帶給你滿足的成就感。

【View職場力】2AB950

時間管理的30道難題：
為什麼列出待辦清單更拖延？幫你克服拖延、養成習慣、達成目標！

作　　者／電腦玩物站長Esor
責任編輯／黃鐘毅
版面構成／劉依婷
封面設計／兒日
行銷企劃／辛政遠、楊惠潔

總 編 輯／姚蜀芸
副 社 長／黃錫鉉
總 經 理／吳濱伶
發 行 人／何飛鵬
出　　版／電腦人文化
發　　行／城邦文化事業股份有限公司
　　　　　歡迎光臨城邦讀書花園
　　　　　網址：www.cite.com.tw
香港發行所／城邦（香港）出版集團有限公司
　　　　　香港灣仔駱克道193號東超商業中心1樓
　　　　　電話：(852) 25086231
　　　　　傳真：(852) 25789337
　　　　　E-mail：hkcite@biznetvigator.com
馬新發行所／城邦（馬新）出版集團
　　　　　【Cite(M)Sdn Bhd】
　　　　　41,jalan Radin Anum,
　　　　　Bandar Baru Sri Petaling,
　　　　　57000 Kuala Lumpur,Malaysia.
　　　　　電話：(603) 90563833
　　　　　傳真：(603) 90562833
　　　　　E-mail:cite@cite.com.my

印　　刷／凱林彩印股份有限公司
2024 (民113) 年 6 月 初版 6 刷　　　Printed in Taiwan.
定價／340元

●如何與我們聯絡：

1.若您需要劃撥購書，請利用以下郵撥帳號：
郵撥帳號：19863813　戶名：書虫股份有限公司

2.若書籍外觀有破損、缺頁、裝釘錯誤等不完整現象，想要換書、退書，或您有大量購書的需求服務，都請與客服中心聯繫。

客戶服務中心
地址：115 臺北市南港區昆陽街16號5樓
服務電話：(02) 2500-7718、(02) 2500-7719
服務時間：週一 ～ 週五9：30～18：00
24小時傳真專線：(02) 2500-1990～3
E-mail：service@readingclub.com.tw

※詢問書籍問題前，請註明您所購買的書名及書號，以及在哪一頁有問題，以便我們能加快處理速度為您服務。

※我們的回答範圍，恕僅限書籍本身問題及內容撰寫不清楚的地方，關於軟體、硬體本身的問題及衍生的操作狀況，請向原廠商洽詢處理。

※廠商合作、作者投稿、讀者意見回饋，請至：
FB粉絲團：http://www.facebook.com/InnoFair
Email信箱：ifbook@hmg.com.tw

國家圖書館出版品預行編目資料

時間管理的30道難題：為什麼列出待辦清單更拖延？幫你克服拖延、養成習慣、達成目標！
/ 電腦玩物站長Esor 著.
--初版--臺北市；創意市集出版
；城邦文化發行，民109.5
面 ； 公分
ISBN 978-957-9199-99-5(平裝)
1.時間管理 2.成功法
494.01　　　　　　　　　　109006264